新 スマートグリッド

電力自由化時代のネットワークビジョン

横山明彦
著

Smart Grid

日本電気協会新聞部

はじめに

2010年春に、前著「スマートグリッド」を出版し早5年が経ちました。その間の2011年3月11日に東日本大震災が発生し、電気エネルギーを供給する電力システムも大きな被害を受け、これを取り巻く環境が大きく変わり、制度的に、さらなる電力自由化が行われることになりました。太陽光発電などの再生可能エネルギー電源も2012年開始の固定価格買取制度（FIT）で急激に大量導入される状況になり、電力ネットワークにおいてさまざまな問題が顕在化してきています。しかしながら、スマートグリッドの役割は依然変わりないように思います。スマートグリッドによって、一般家庭の家電機器や電気自動車の充電を制御し、太陽光発電など再生可能エネルギーの導入を促進し、電力需給を最適化・効率化する、さらには家をスマートハウスにしてデマンドレスポンスを可能にし、省エネルギー化する、エネルギーの地産地消をできるようにするなど、さまざまな検証が行われています。

しかしこうした話題の中心は電気の消費量や発電量などの「情報」にあり、肝心の「電気」

の部分が語られていることは少ないように思えます。

電気は目に見えませんし、電線やケーブルを伝うという意味で情報通信の世界と似ていますが、通信ケーブルの中を通るデータのように貯蔵が簡単で、誰でも使える共通的な存在ではなく、電線・ケーブルという導管を伝って運ばれ消費される「物」に近い存在です。そしてそれは水道やガスと同じく重要な社会基盤です。情報通信の世界の言葉でいえば、電力ネットワークそのものがミッションクリティカルな存在なのです。だからこそ、スマートグリッドの実現にしても慎重に進める必要があります。

この本は「電気」の技術的な側面、つまり電気エネルギー供給面からスマートグリッドの実現への道を考えています。そして、2015年から始まる新たな電力自由化制度の中で、スマートグリッドがなぜ必要なのか、どんな点に注意しなければならないのかといった問題を、電力供給の基礎から一つひとつ、解説しています。

日本には、東日本大震災以降も、世界で最も高品質な電力供給ネットワークが存在します。だからこそ、世界でいち早く、理想的なスマートグリッドを実現できる可能性もあります。そしてスマートグリッドが実現する過程において、新しい産業が生まれてくる可能性もあります。

２０１０年以降これまでに国内外でさまざまな実証試験が行われてきました。また、我が国ではスマートメーターが、２０２３年までに家庭の全戸に導入される予定です。こうした変化を受け、今後、ますますスマートグリッドが新たなビジネスチャンスとして脚光を浴びてくることでしょう。

電力自由化が進展する中で、この本をスマートグリッド実現へ向け議論を行う際の基礎にしていただければ幸いです。

横山　明彦

はじめに……3

第1章 スマートグリッドの今……9

第2章 スマートグリッドを定義する……35

1. 現在の電力ネットワーク……36
2. 再生可能エネルギー導入で課題になる周波数……49
3. スマートグリッドの完成予想図……60
4. スマートグリッドの完成はいつ?……80

第3章 日本版スマートグリッド最新動向……85

1. 狭義のスマートグリッド……87

2. 広義のスマートグリッド……99
3. 今後の研究開発予定……116
第4章 スマートメーター……129
第5章 海外の動き……151
1. 米国の動き……152
2. 欧州の動き……165
3. オーストラリアの場合……180
第6章 電力システム改革とスマートグリッド……183
第7章 実用化までに残される現実的課題……207
おわりに……235

第1章

スマートグリッドの今

❖スマートグリッドとは

ニュースなどでよく使われるようになった「スマートグリッド」は次世代の電力ネットワークとして期待されている新しい技術です。

「グリッド」とは英語で電力ネットワークのことを指します。電力ネットワークとは、発電所で発電した電気が送電線、変電所、配電線を経て家庭まで届くまでのネットワークを指します。「スマート」とは賢いという意味であり、スマートグリッドとは「賢い電力ネットワーク」という意味です。

地球温暖化やエネルギー価格の高騰などが原因で、世界的にも風力発電や太陽光発電という再生可能エネルギーの導入拡大が打ち出されるようになりました。欧米を旅行すれば、大規模な風力発電設備、太陽光発電設備を目にしますし、日本でも再生可能エネルギー固定価格買取制度（ＦＩＴ）がスタートして以来、各地でメガソーラーやウインドファームを見かけるようになりました。こうした中で、世界的に、再生可能エネルギーの導入を拡大しても電力ネットワークを安定的に運用・制御するための技術として、スマートグリッドの研究開発が進んでい

図1-1　我が国の太陽光発電の導入シナリオ

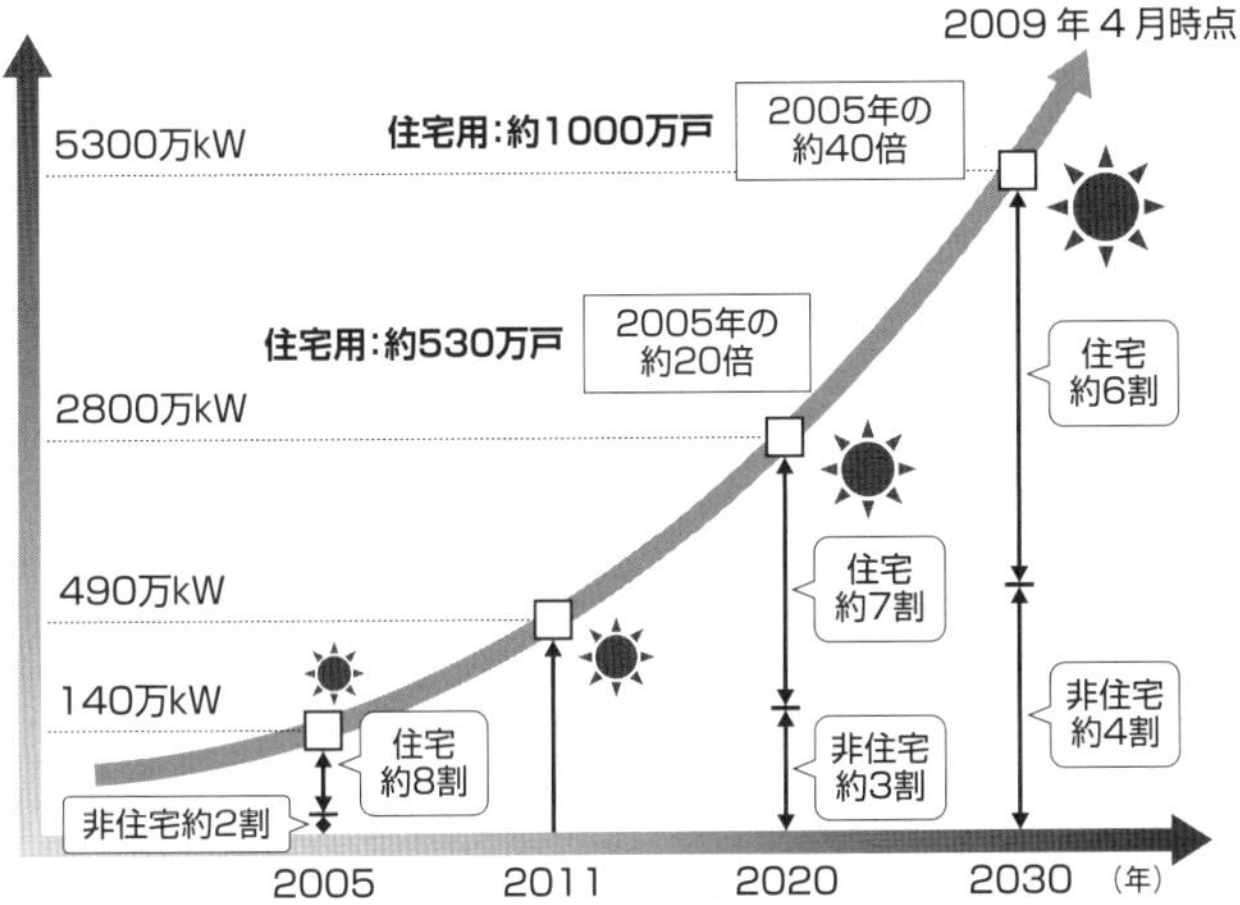

このPV導入の目標は東日本大震災前後で変化なし

ます。

スマートグリッドの研究開発が日本で本格化したのは2009年ごろのことです。

2009年に決定された長期需給エネルギー見通し（再計算）の中で、「2020年までに太陽光発電を2800万キロワット導入」という、再生可能エネルギー導入目標が掲げられました。再生可能エネルギーは地球温暖化の原因となる二酸化炭素（CO_2）を発電時に排出しませんし、資源の乏しい日本にあって、太陽光や風力ならば燃料も必要なく、地熱やバイオマスは再生できる燃料であり、さらに新規産業の創出としての期待もあって、導入拡大を図ることになったのです。

目標達成に向けて、スマートグリッドは再生可能エネルギーを電力ネットワークに現実的に導入するための技術として注目を集め始めました。世界的にも再生可能エネルギーの導入拡大への期待から、欧米でもスマートグリッド構想が打ち出されていました。日本では要素技術の開発や、横浜や北九州などさまざまな地域での実証事業も開始。２０１２年７月にはＦＩＴもスタートし、再生可能エネルギーの本格的な導入へ向け動き出しました。

その後、東日本大震災と東京電力福島第一原子力発電所事故が発生し、関東地域では計画停電が実施されるなど深刻な電力不足に陥りました。そのほかの原子力発電所も長期停止となり、電力供給力への不安は全国へと拡大。これを解消する手段として、スマートグリッドへの期待が論じられるようになりました。

「スマートグリッド」という言葉は、風力発電の導入が進んでいた欧州の次世代電力ネットワーク構想として２００５年に登場し、バラク・オバマ大統領が２００８年の米大統領選で政策の一つに掲げたことから広まりましたが、それ以前から、電力ネットワークを安定的に運用・制御するための技術開発は、世界各国で行われてきました。その中でも、研究が進んでいる国の一つが日本といえます。

日本では、事故時の送電ネットワークの高度な監視・制御システムが導入され、配電ネットワークでも100%近く自動化が実現されています。送電ネットワークの監視・制御システムとは、例えば送電線への落雷によって地絡（送電線と大地が電気的につながって大電流が大地に流れること）などの事故が起きた場合、情報通信システムを使って瞬時に場所を特定し、発電所を止めたり、変電所などで電気の流れを切ったり、振り分けたりするものです。事故の影響を最低限にとどめ、できるだけほかの地域に停電が及ばないようにして、大停電を防止します。配電ネットワークでも事故時の復旧を自動的に行い、停電範囲や停電時間を極小化する配電自動化システムが導入されています。ただし、こうした高度なシステムは欧州や米国ではあまり導入されていません。

日本では2000年頃から電力自由化が部分的に始まり、電力会社以外の事業者から環境に優しい二酸化炭素（CO_2）排出の少ない分散型電源を系統に接続したいという要望が多くなりました。電気と熱を一緒に発生させるコージェネレーションだけでなく、太陽光発電や風力発電、バイオマス発電をどう電力系統に取り込むかが議論され、経済産業省も、青森県八戸市や京都の京丹後市、愛知県で開催された愛・地球博などで大規模な実証試験を行いました。

これらの実験はマイクログリッドと呼ばれるもので、限定された地域の中で小型の分散型発電設備により電力を安定的に供給することを目的としていました。２００８年度までの研究により、マイクログリッドに用いる高度な制御技術の開発については一定の成果を得ています。ただ、課題も浮き彫りになりました。八戸で行われた新エネルギー・産業技術総合開発機構（ＮＥＤＯ）のプロジェクトでは、電力単価が高額になるなど経済性に問題があり、また太陽光発電や風力発電などの発電量が変化する電源が大量導入された場合を考えると、限られた地域の中だけでは大きな出力変動を吸収することはできず、規模を広げた上で、電気自動車や需要家の機器の制御まで踏み込んだネットワークを作らなければ電力の安定供給はできないということが分かったのです。これがスマートグリッドと呼ばれる電力ネットワークです。

マイクログリッドは小さな電力ネットワークです。外部の大きな電力ネットワークに接続していますが、マイクログリッド内の太陽光発電や風力発電などの発電量に大きな変動があっても、なるべく外部には迷惑をかけないように制御します。大きな電力ネットワークの非常時には、マイクログリッド内が独立できるようになっていますが、大きな電力ネットワークの系統安定化に貢献することはありません。これに対し、スマートグリッドは、供給側だけでなく需要側も、大きな電力ネットワークも小さな電力ネットワークも、系統の安定化に貢献し、安定運用する技術だといえるでしょう。

スマートグリッドについての明確な定義はありませんが、私たちは、「従来からの集中型電源と送電ネットワーク系統との一体運用に加え、情報通信技術の活用により、太陽光発電などの分散型電源や需要家の情報を統合・活用して、高効率、高品質、高信頼度の電力供給システムの実現を目指すもの」と考えています。

従来からの集中型電源とは、火力発電や原子力発電、水力発電などの大型の発電所のことです。従来型の電力供給は、地域の電力会社がこうした大型の発電所から送電線、配電線を使って、電気を工場やビル、家庭などに届けています。

電気は貯められないため消費量に合わせて発電する必要があります。従来型電源は発電量を制御できるので、時々刻々変動する消費量に合わせて発電していました。しかし太陽光発電や風力発電などの再生可能エネルギーは発電量が天候によって変動するため、その導入量が増えてくると、電気の消費量と発電量のバランスを取ることが難しくなります。

再生可能エネルギーという発電量が変動する電源の比率が高くなった電力ネットワークでは、

消費量だけでなく発電量も変動します。これをバランスさせるために、期待されるのがスマートグリッドなのです。発電の情報と消費量の情報を統合して活用し、これまで制御してこなかった消費量、つまり需要側も制御することで、電力供給の安定化に役立てようというものです。

❖再生可能エネルギーと電力ネットワーク

再生可能エネルギーの中でも、水力発電や地熱発電、バイオマス発電などは、計画的な発電が可能です。しかし太陽光発電や風力発電はそうはいきません。

太陽光発電は原則として昼間しか発電しませんし、発電量はお天気次第で、雲がかかれば発電量は下がりますし、雨が降ればさらに下がります。その変化も急速で、時間的に短い周期で発電量が変わってしまいます。国の目標では太陽光発電を2030年には現在の約4倍となる5300万キロワットまで導入するとしています。

一方、風力発電は、風が吹けば発電しますが、風が止まれば発電は停止しますし、安全性を考慮して強風時も発電を停止するようになっています。風力発電も2030年までに現在の約4倍の1000万キロワットを導入する計画です。

太陽光も風力も、天気予報から短期的な発電量の変化を予測することは大変難しく、計画的な発電は当然のことながらできません。こうした変動電源を現在の電力ネットワークに取り入れると、ネットワーク全体の周波数が大きく変動し、結果的に停電になってしまう可能性があります。

それはなぜでしょう。

この点は第2章で詳しく述べますが、簡単に説明しておきます。

そもそも電気は貯めにくいという性質があります。よって電気は消費量と発電量を常に同量にして提供されています。100万キロワットの消費には100万キロワットの発電。電気は同時同量、ジャストインタイムの製品なのです。

電気の消費量、いわゆる電力需要はある程度予測がつきます。昼は多く使い、夜間は減少する。暑くなれば需要が増え、適度な温度であれば需要は減るという具合です。ですが瞬時瞬時の需要までは予測できません。よって、大きな需要予測に合わせて、火力発電や原子力発電、水力発電などの特徴を組み合わせて計画的に発電し、需要予測から外れた部分には出力などをリアルタイムに調整して対応していくというのが、これまでの電力供給の姿でした。

図1-2 太陽光発電の出力変動と調整

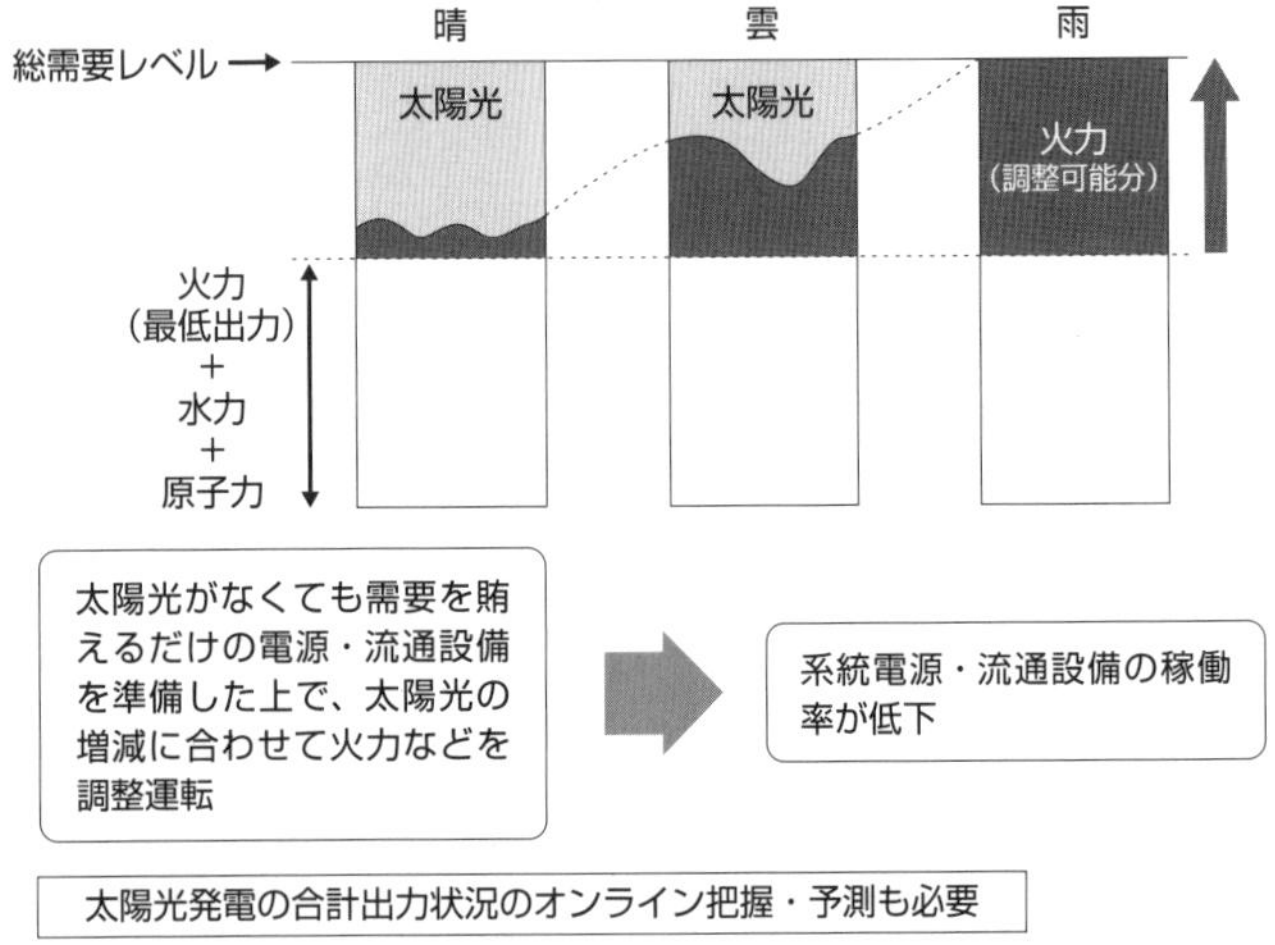

出典：経済産業省資源エネルギー庁資料

しかし太陽光や風力など、発電量が変化する電源が入ってくると、今度は発電量も予測が難しくなりますので、需給のバランスの取り方はより複雑化します。

電力需要が一定であれば、再生可能エネルギーが導入されればされるほど、その分、ほかの電源の供給力は小さくなります。再生可能エネルギーの発電量の変動を吸収し、バランスを取る役割を果たす主役は、発電出力の変動が可能な火力発電です。しかし供給する電力の中で再生可能エネルギー比率が高まるほど、火力比率も下がるので、需給のバランスが取りにくくなります。

電力ネットワークを単純化して考えてみ

ましょう。

昼夜一定で１００万キロワットの需要がある電力ネットワークに、１００万キロワットの太陽光発電を入れても、電気を安定的に供給できません。どんなに晴天続きの土地であっても、太陽光発電の場合、夜間は発電量がゼロになります。ですから夜間には必ず１００万キロワット分の火力発電が必要になります。朝や夕方など太陽光の角度によって太陽光発電の発電量は変わりますし、天気によって、雲がかかったり雨が降ったりすれば、発電量は急降下します。こうした天気による変動への対応にも火力発電は必要です。

この電力ネットワークにおいて、メンテナンスなどの理由で火力発電の供給力が50万キロワットに下がってしまうと、太陽光発電の発電量が50％以下になった瞬間に調整力不足となり、電力不足に陥ります。また、太陽光発電設備が１２０万キロワットなど需要の１００万キロワットを超えて増えてしまった場合は、太陽光が１００％発電すると火力発電の出力をゼロまで下げても調整できず、周波数が変動し、最終的には停電が起きてしまいます。

つまり再生可能エネルギーの発電量変化に対応するためには、同じ容量の調整電源、主に火力発電が必要になるのです。

図1-3 火力発電の夜間の下げ代不足

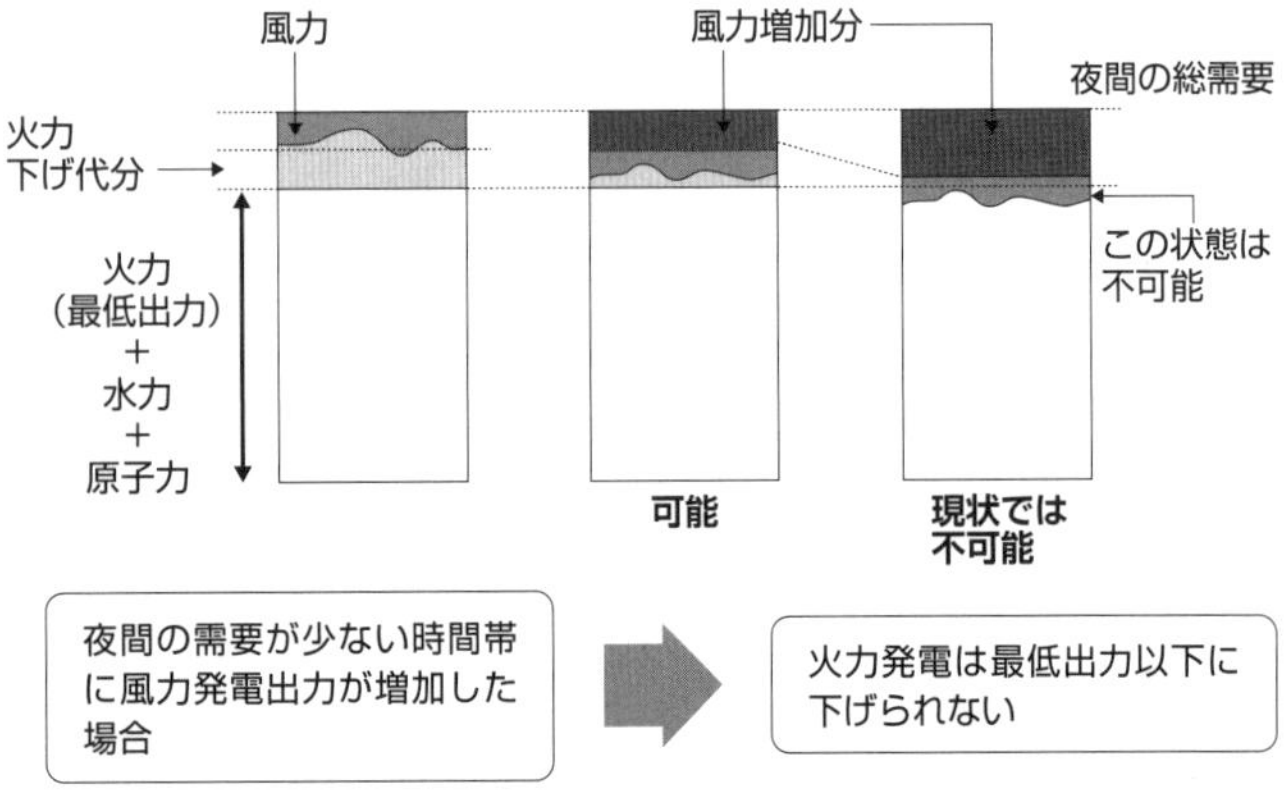

出典:経済産業省資源エネルギー庁資料

実際の電力ネットワークには、火力発電だけではなく、原子力発電や水力発電などがあります。水力発電の一部は調整電源の役割を果たしますが、原子力発電は日本では出力調整を行わないので、実際の電力ネットワークにおける調整能力はさらに小さくなっていきます。ただ、太陽光や風力の出力変動も、大量に導入された場合は一定の平準化効果が見込まれます。平準化効果とは、複数地点の太陽光や風力の出力変動が合わさることによって、その変動が相殺され、全体の変動がならされることを指します。

改めて先ほど述べた太陽光発電や風力発電の導入計画を見てみましょう。

ゴールデンウイークなど電力需要が少ない時期

の昼間のピーク需要は1億キロワット程度です。２０３０年に５３００万キロワットになると、キロワットベース（供給力）における太陽光発電比率は電力需要の約50％ということになります。一般的には、電力ネットワークにおける再生可能エネルギー導入量の限界は、系統対策を何も行わない場合、最低需要の約10～20％程度といわれていますので、５３００万キロワットはすでにその域を大きく超えることになります。

日本におけるスマートグリッドの研究開発は、この政府目標を達成した場合にも電気の安定供給を維持することを目的に進められているのです。

しかし、２０１２年7月のＦＩＴ開始から急速に太陽光発電設備の導入が進み、開始から２年後の２０１４年7月末時点で、国が設備認定を行った太陽光発電設備は７０００万キロワットを超えました。これは２０３０年の導入目標を大きく上回っています。そして当初懸念されていた問題が生じ始めています。適地の多い北海道や東北、四国、九州、沖縄などでは、接続申し込みが殺到。低負荷期の電力需要の最大電力（キロワット）を超えている地域も出るなどすでに各電力ネットワーク内で受け入れられる容量の限界に達しつつあります。このため２０１５年1月にはＦＩＴの見直しが実施されました。

❖東日本大震災で高まる期待

２００９年から本格的に始まったスマートグリッドの研究開発ですが、２０１１年3月11日の東日本大震災を契機に、求められる内容も変わりました。

東日本大震災では太平洋沿岸部にあった東北・関東地域の主要な発電所が津波の影響で壊滅的な打撃を受けました。事故に至った東京電力福島第一原子力発電所だけでなく、東京電力の広野火力発電所や東北電力の原町火力発電所など、大型火力発電所も大きな被害を受けたのです。このほか、地震で変電設備が壊れるなどの被害も出ました。

これにより東北地方と関東地方は電力不足に陥りました。日本の電力ネットワークは東西の周波数が異なるため、西地域から送電できる量は１００万キロワットが限界でした。関東では計画停電が10日間にわたり行われました。

福島第一原子力発電所事故の反省から、政府はその後、原子力発電所の規制基準強化に取り組んでおり、その結果、全国の原子力発電所が長期停止することになりました。これに伴い慢性的な供給力不足が続いています。

東日本大震災を契機に、旧来の電力供給体制を変革しなければならないとして、国は電力システム改革に取り組んでいます。２０１５年４月からは全国の電力融通などの機能を強化するための機関である電力広域的運営推進機関が始動。２０１６年度からは電力小売りが全面自由化となります。さらに、２０１８年から２０２０年をめどに、電力会社の送配電部門の法的分離も行われることになりました。

このように電力需給をめぐる環境は、震災前後で大きく変化しました。そしてスマートグリッドに求められる要素も変化しています。

震災前は太陽光発電や風力発電を大量導入した場合に発生する可能性のある余剰電力をどうするかが大きな課題でした。春や秋など電力需要が少ない時期の休日に、発電量が予測できない太陽光発電や風力発電が、電力ネットワーク側で調整できないほど大量に発電してしまった場合の余剰電力。これが最も頭を悩ませる問題でした。

しかし震災後、スマートグリッドは余剰電力だけではなく電力不足にも対応できる技術として期待されるようになりました。電力不足時に蓄電池から放電したり、電気使用量の見える化と需給状況に応じて変動する電気料金などにより需要をコントロールするデマンドレスポンス

（ＤＲ）を導入したりすることで、災害があっても継続して電気を利用できるようにする――という新たな命題が生まれたのです。需要側の制御、ＤＲのツールとして、スマートメーターの導入計画も前倒しされることになりました。

エネルギー政策の見直しに伴い、今後は、全電源の中で原子力発電がシェアを落とし、必然的に火力発電や、ＦＩＴで普及が進む再生可能エネルギーの比率が高くなっていくでしょう。調整電源である火力発電比率が高まれば、再生可能エネルギーは震災前の想定よりも多く導入できることになります。しかし、再生可能エネルギーによる発電量の変動幅も大きくなるため、電力ネットワークの不安定性は増すことになります。これをなんとかするのがスマートグリッドといえます。

再生可能エネルギーの比率が高くなると、電気料金は上昇していくと考えられます。一方、火力発電も調整電源として部分負荷運転が多くなれば、その発電効率は悪くなります。火力発電の発電効率は、定格出力が最も効率が高く、出力を下げれば下げるほど発電効率も落ちていきます。再生可能エネルギーも、地熱発電やゴミ発電ではなく、太陽光発電や風力発電が導入拡大し、それに伴って系統対策が必要になれば、もともと高い発電コストがさらに高くなります。

一方で電力需要の最大値（キロワット）を下げれば、発電設備投資を抑えることができます。電力供給に必要な発電設備規模は最大電力で決まるからです。発電設備投資が抑制できれば、長期的には電気料金の上昇が抑制できる効果があります。ですから、ピークカットやピークシフトなど需要側の制御も重要な課題といえるでしょう。

さらに、電力システム改革によって、地域独占、発電から送電、配電、小売りまで一貫体制の電力会社が法的分離され、発電分野や小売り分野にさまざまな事業者が参加するようになります。電力会社間の競争は進み、コストダウンが期待されますが、その一方で、電力ネットワークを安定維持するシステムは複雑化します。複雑化してもなお安定性を維持できるようにする。これも今後のスマートグリッドが実現すべき課題といえるでしょう。

❖米国でも求められる災害への強靭さ

実は米国でも日本と同じように、災害に強い電力システムの構築へ向けてスマートグリッドに取り組む動きがあります。２０１２年10月に米ニュージャージー州などを襲ったハリケーン・サンディの被害を受け、災害にも強靭な、英語で言えばレジリエント（resilient）なインフラ構築への取り組みが行われているのです。

コネチカット州アンソニアで行われているプロジェクトは、自然災害により広範囲の停電が発生した際でも、軍や警察、消防などの施設や病院など重要な300施設への安定供給を維持するため、再生可能エネルギー、コージェネレーション設備、燃料電池などを設置し、統合して運用し、地域内で必要となる消費電力をまかなえるようにするのが目標です。コミュニティー型マイクログリッドを目指すものですが、これもスマートグリッドの一形態といえます。

米国でのスマートグリッドは、もともと、燃料価格上昇や需要増、発電設備、送電設備への投資不足による電力不足を、需要を抑えることで解消することを目的にスタートしました。電力不足で停電も頻発したため、軍や病院、研究機関といった重要拠点の停電対策が重要になっていたのです。広大な米国では、電力ネットワークを強化するにも限界があるため、あるエリアを限定して災害に対し強靭にしていく手段として、マイクログリッドがスマートグリッドの主役となっています。

米国全体における電力不足や電気料金の高騰については、2008年ごろから本格化したシェールガス産出によりかなり改善されたといいます。しかし、前述したようなハリケーン被害の教訓から、災害時に重要拠点への電力供給を絶やさないレジリエントなインフラ構築を目指すようになりました。コネチカット州の実証では、災害時には、地域内にある電源量でまかなえるよう、最も重要な設備「クリティカルロード（絶対必要な負荷という意味）」の電力供給を第一とし、それ以外は停電させます。

この場合、電源だけでなく、蓄電池などの制御や需要抑制、遮断などの負荷制御を行います。こうした蓄電池運用はアンシラリーサービスの一つとなります。英語でアンシラリー（Ancillary）とは、「補助的な」「付属の」という意味です。ここでいうアンシラリーサービスとは、周波数や電圧といった電力品質を維持するための系統運用サービスを指します。

❖世界における取り組み

日本と米国におけるスマートグリッドの定義が異なるように、国によってスマートグリッドの定義は異なります。国際的に共通の定義はいまだ存在しません。

ただし国際電気標準会議（ＩＥＣ）や米国国立標準技術研究所（ＮＩＳＴ）では、「情報、通信、制御、計測などの情報通信技術（ＩＣＴ）を活用した電力供給システム」というのが概ねの捉え方です。発電設備や流通設備、需要家設備そのものはスマートグリッドに含みませんが、それぞれに対するＩＣＴや制御技術の活用は「スマートグリッド」の範囲に含まれるのです。

表１-１は電力ネットワークにおける分野別のスマートグリッド導入目的とその手段を整理し、国などの取り組みをまとめたものです。

発電分野では再生可能エネルギーの導入拡大という目的があり、ＩＣＴにより再生可能エネルギーの制御や出力変動に応じた需給制御などを実現しようとしています。そのほか蓄電池などの電力貯蔵設備なども必要になります。

次に流通分野では、電力流通高度化・電力品質向上などを達成するために、ＩＣＴを活用して系統監視・制御技術や配電自動化などを実現していくことになります。さらにＵＨＶ（１００万Ｖ以上の超高圧送電）技術や直流送電技術などの整備も必要になります。

需要家の分野では、省エネや低炭素化支援へ向けて、スマートメーターによる需要制御（ＤＲ）や、電気自動車（ＥＶ）の導入とその活用、ＥＶを活用するために不可欠な急速充電技術などを実現しようとしています。さらにヒートポンプや蓄熱などの導入が必要です。

国や組織別に見ると、電力ネットワーク全体でＩＣＴを活用することを目指しているのがＧＥ

表1-1 諸外国におけるスマートグリッドの定義

	ICT活用	左記以外（設備そのもの）
①再生可能エネルギーの導入拡大〈発電分野〉	・再生可能エネルギー制御 ・出力変動に対応した需給制御・電圧制御・潮流制御など	・電力貯蔵設備など
②電力流通高度化・電力品質向上〈流通分野〉	・系統監視・制御技術（系統安定化技術含む） ・配電自動化など	・UHV技術 ・直流技術など 中国(Smart & Strong grid)
③需要側のスマート化（省エネ・低炭素化支援）〈需用家分野〉	・スマートメータによるデマンドレスポンス ・EV導入（V2G、急速充電技術）など	・ヒートポンプ、蓄熱など
	IEC、NIST(米)、GE、韓国など	
	EUビジョン、ABB、日本など	

出典：東京電力資料をもとに作成

やNISTなどの米国勢、IEC、韓国です。またABBを含むEU勢は包括的な取り組みを行っています。インフラ整備が最重要課題の中国は「スマート&ストロンググリッド」として流通分野の強化に取り組んでいます。

前著『スマートグリッド』（2010年、日本電気協会新聞部刊）を出版した当時は、世界的にスマートグリッドブームが起きていたといっても過言ではないでしょう。日本では実証試験が始まったばかりで、スマートグリッド元年といえる時期でしたし、米国ではスマートグリッドに関するさまざまな団体ができ、グーグルやマイクロソフトが電力量計、いわゆるスマートメーターからの情報を分析するサービスを開始していました。家庭内の電力使用量を見える化し、分析して、使用量を抑えるようなサービスで、注目を集めていました。また欧州でもさまざまなプロジェクトが計画されており、中でも北アフリカの砂漠地帯で太陽熱発電を行い、その電気を巨大送電網で欧州に持って来ようという壮大なデザーテック計画(DESERTEC)もありました。スマートグリッドブームともいうべき時期でした。

あれから5年。グーグルやマイクロソフトのスマートメーター関係の取り組みは2011年に相次いで終了しました。グーグルは今、ネスト・ラボ(Nest Labs)を買収し、家庭用ワイヤレスネットワークプロトコル「Thread」(糸の意)を発表。「モノのインターネット」のプロトコルをつくる方向へと移行しています。これは電力消費だけでなく、快適性を切り口にもっと細やかに電気機器を操作するもののようです。スマートグリッドというより家庭用エネルギーマネージメントシステム(HEMS)に近いでしょう。

ただ、デマンドレスポンスについては、電力自由化が行われている一部地域では大きな存在になりつつあります。需給逼迫への対応や電力価格の抑制を目的に活用されており、例えば、系統混雑の多いペンシルベニア州を中心とする地域送電機関PJMでは、ピーク需要の10%以上がＤＲで占められるようになっています。

欧州ではイタリアを筆頭に各国でスマートメーターの導入が進みました。それによる業務効率化効果は大きかったようですが、当初期待されていた新たなビジネスモデルの創出までには現在も至っていません。デザーテック計画については事実上解散することになりました。

韓国でも、済州島全土でスマートグリッドの実証試験が行われましたが、それが国内で適用される動きはみられません。済州島のスマートグリッドＰＲセンターは、今は閑散としています。

世界的に見ると、期待が混じったスマートグリッドブームはこの5年間で落ちつき、各国、各地域において再生可能エネルギー導入が進む中、現実に必要になってきた取り組みを行っている状況といえるでしょう。

❖ エネルギー基本計画とスマートグリッド

東日本大震災後、大きく見直しが迫られた我が国のエネルギー政策は、２０１４年4月、閣議決定された新たな「エネルギー基本計画」で、一定の方向が示されました。

同計画では、安定供給（Energy security）、効率性の向上による低コストでのエネルギー供給（Economy）、環境への適合（Environmental Conservation）及び安全性（Safety）の「3E+S」を基本とし、「国際的な競争や協調」と「経済成長」の視点を加えた計画になっています。各エネルギー源の強みを最大限発揮し、一方でその弱みをほかのエネルギー源が適切に補完する多層的な供給構造の実現を訴求しています。

このほか、前述したような危機時の安定供給を確保できる強靭性（レジリエンシー）の実現、電力・ガスシステム改革などを経て、エネルギー事業にさまざまなエネルギー源を持つ多様な主体が参加できるようになること、需要家が多様な選択肢から自由に選ぶことができるようにすることを基本方針としています。

そして、改めて各電源をピーク電源、ミドル電源、ベースロード電源に位置づけました。2015年1月現在で、ベストミックスの数値は決定されていませんが、震災前と比べ、原子力発電の比率が下がり、再生可能エネルギーの比率が高まることは間違いありません。さらに電力ネットワークには、電力自由化により多様な事業者が参加するようになります。加えて、エネルギー基本計画では「徹底した省エネルギー社会の実現、スマートで柔軟な消費活動の実現」

も掲げており、需要家側の制御にも取り組むことになります。

　このように複雑化する電力ネットワークを安定的に維持し続けるために必要な技術。それがスマートグリッドといえるでしょう。

第2章

スマートグリッドを定義する

スマートグリッドという言葉はいろいろな意味を含んでいます。スマートコミュニティー、マイクログリッド、スマートメーター、デマンドレスポンス（ＤＲ）など、それぞれがスマートグリッドとして捉えられています。

しかし最終的に実現しようとしているのは、いずれも「情報通信システムによる双方向通信を利用し、需要家の情報も活用しながら、安定的で効率的な電力ネットワークを実現する」ことです。そのために必要となる電力ネットワークの基本構成には変わりはありません。

第2章ではスマートグリッドの基本的な仕組みを捉えるため、スマートグリッドを定義するとともに、従来型の電力ネットワークとスマートグリッドが実現された将来の電力ネットワークがどう異なるのかを考えていきます。

1．現在の電力ネットワーク

現在の電力ネットワークでは家庭や工場、事務所などで使う電気は、主に、大型の発電所から送電線や配電線を経由して届けられています。

図2-1　電圧別の系統図

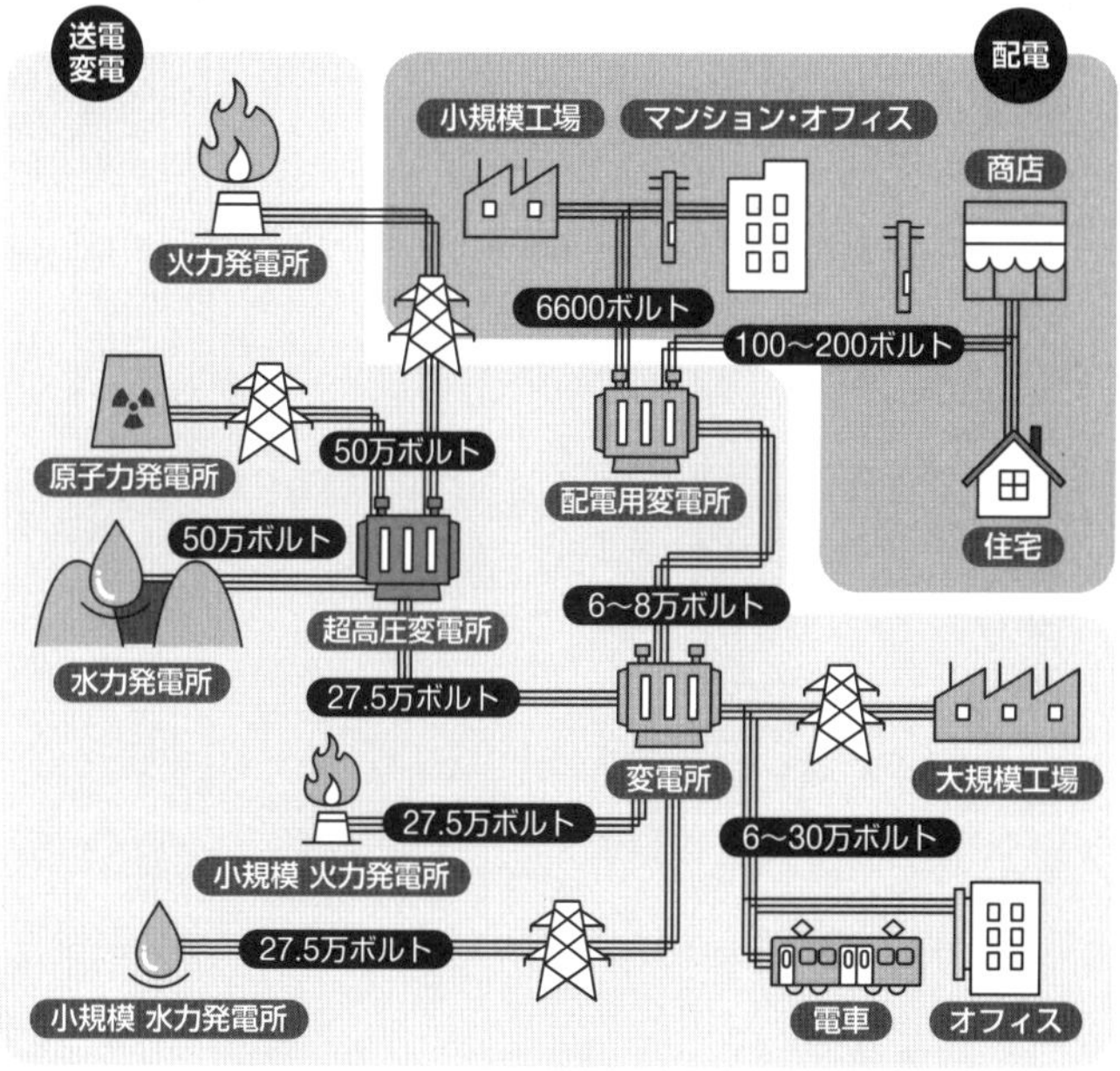

大型の発電所には、火力、原子力、水力、揚水の4種類があります。それぞれ、蒸気タービンやガスタービン、水車が回転することによって発電機を回し、電気をつくり出しています。

これら大型発電所で生み出される電気は低電圧かつ大電流です。電圧は2万ボルト以下、電流は数千～数万アンペアという特性を持っています。この電気を昇圧変圧器で50万ボルトや27万5千ボルトなどに上げて、送電線を経由し、各地に運びます。ある一定の電力を送る場合、電圧を高くすると電流が小さくなり送電線での損失（ロス）が少なくなります。この送電線はいわば電気の高速道路なのです。

高電圧で送られた電気は、需要地に近づくと徐々に電圧を落としながら分岐されていきます。これもインターチェンジで各地の道路に降りていくようなイメージです。

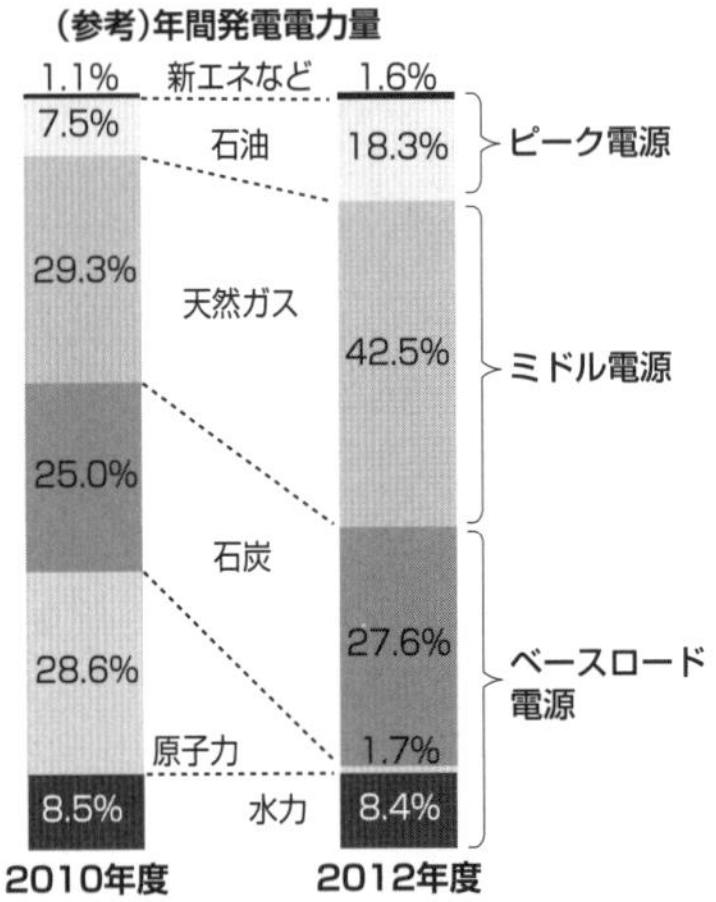

市街地に入ると配電用変電所で電圧を6600ボルトまで下げます。ここからは配電ネットワークです。電気は配電線で私たちの家の前まで運ばれ、電柱の上に載っている柱上変圧器で100ボルトまたは200ボルトに下げられて家庭の中に入っていきます。

私たちの家の近くに敷設されている配電線では、基本的に、電気は川の流れと同じように一方向に流れています。隣の配電線ともつながっていますが、連系点には連系用開閉器と呼ばれ

図2-2　電力需要に対応した電源構成

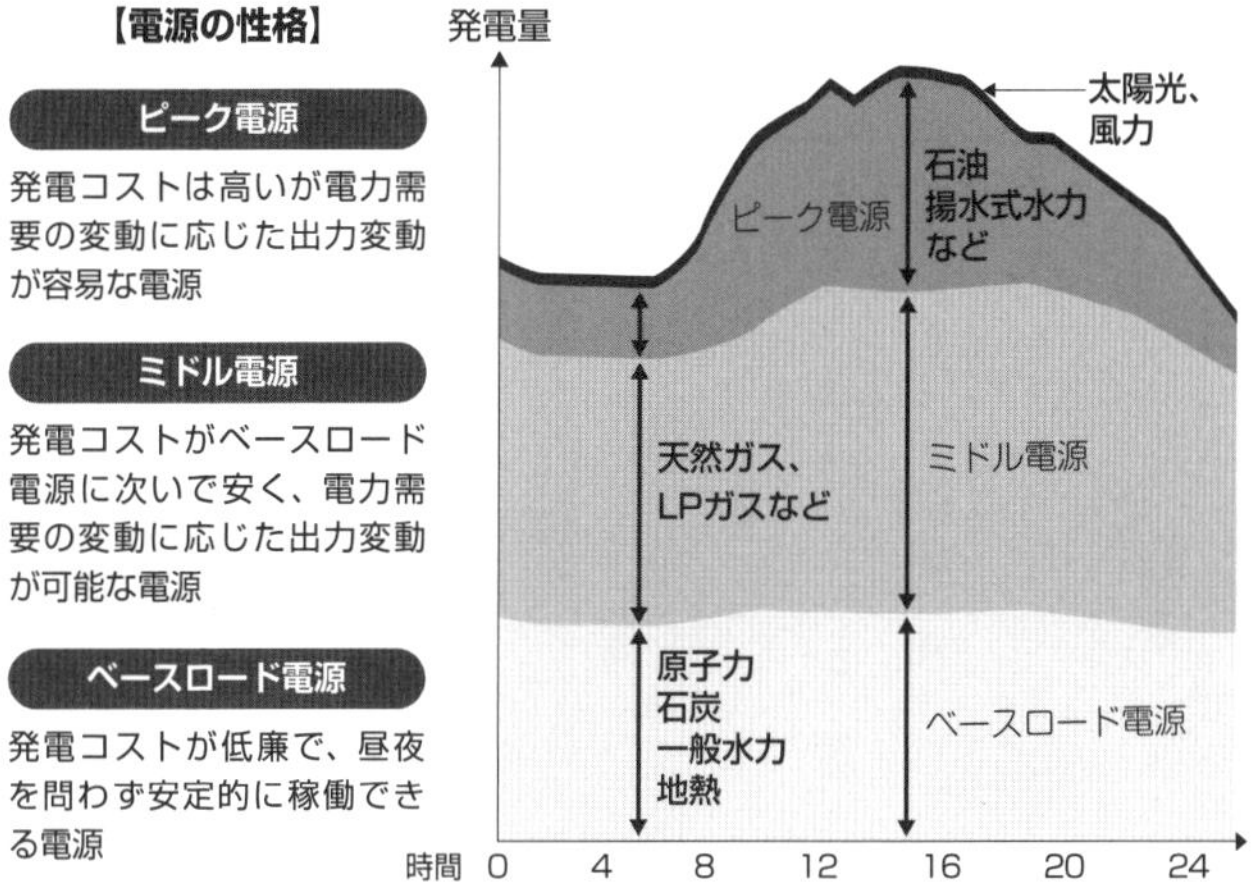

るスイッチがあり、平常時はオフになっています。事故発生時にこの開閉器をオンにすることで、隣の配電線から電気を送ってバックアップする仕組みです。

❖貯められない電気をジャストインタイムで発電する方法

電気は貯めることが難しく、需要に合わせてジャストインタイムで発電しなければならないという特徴があります。電気を貯める方法として蓄電池の開発も進んでいますが、発電所でつくる電気を貯められるほどの大規模な容量は、まだありません。また2つの貯水池を利用して水を汲み上げることで余剰電力を貯め、必要な時に放水し発電する揚水発電所は、数十万キロワット規模の大容量ではありますが、立地条件が限られ、開発にはコストもかかるため、数としては多くはありません。このため、電力供給においては常に需要に合わせて発電することが求められています。

一般的な1日の電力需要の動きを見てみましょう。午前4時頃が最も需要が少なくなり、朝方にかけて徐々に増えていきます。そして午前8時をすぎると需要が一気に上がり、昼に一度ピークを迎えます。昼休みに需要が少し下がりますが、午後1時を過ぎると需要が戻り、午後2時から3時ごろ1日の需要のピークを迎えます。その後は夕方にかけて少しずつ需要が下がっていき、夜になると電灯需要があるため少し上がります。そして夜が更けるにつれて下がっていきます。

東京電力を例にあげてみると、震災前、2010年の夏季の最大電力は6000万キロワットにのぼりますが、深夜は3000万キロワット程度まで下がります。電力設備はこのピークの最大値に合わせてつくられています。

東日本大震災以降、節電が求められ、またその後も節電意識が高まってきたため、電力需要の動きは変わってきました。節電やピークシフトによって電力需要のピークが抑えられたのに加え、昼間に太陽光発電の出力が増えていることもあり、需要カーブのピークの山は少し小さくなっています。そして昼を過ぎて、夕方、電灯をつけ始めるころにもう1つ小さな山ができるようになりました。とはいえ、夏季の需要変動を見ると、夜間と昼間のピーク電力（キロワット）の差は2倍以上あります。

電力会社では1日の需要変動を考慮して、原子力や火力、水力、揚水など、さまざまな発電方法を組み合わせて電気を供給します。基本的に燃料費の最も安い電源から利用していくことになっており、1日を通じてほぼ定格出力（フル出力）で発電するベース電源には、燃料費の安い原子力や流れ込み式水力、石炭火力などを割り当てます。ピーク時に稼働する供給力はピーク電源、その中間で大きな需要変動に対応する電源はミドル電源と呼びます。

液化天然ガス（LNG）火力や、比較的小型の石炭火力はミドル電源としての役割を果たします。ピーク電源には、燃料費の高い石油火力や、容量に制限のあるダム式の水力、揚水などがあてられます。

では、電力会社がどのように発電しているのか、もう少し詳しく見てみましょう。

ベース電源である原子力や石炭火力は昼夜を通してほぼ一定の出力で運転します。昼にかけて電力需要が増えてくると、ダム式の水力やLNG火力の出力を上げていきます。午前10時〜午後4時頃までのピーク時には揚水も発電モードで稼働します。その後、夕方にかけて少しずつ水力や火力の発電量を減らしていきます。夜間になると、LNG火力や石油火力を停止するか、最低出力で運転し、供給力を減らします。それでも余った電力は揚水発電所の揚水運転（上の貯水池に水を汲み上げる運転）で吸収します。

東日本大震災後は原子力発電が停止しているため、電力供給側の発電構成も変化しています。原子力の欠落を石炭火力やLNG火力の稼働増が埋めています。震災前はミドル電源だったLNG火力も、現在ではベース電源の役割を担っています。また、ピーク電源だった石油火力もミドル電源として活用されています。

揚水についても、電力不足の折、汲み上げるための電力が足りず、またその汲み上げ電力のコストには、火力の燃料費も含まれているために高コストとなり、その能力を活用できない局面も出てきているようです。

❖電気が安定的に届くという意味

日本の電気の品質は世界でも最高レベルといわれています。この場合、「電気の品質」とは何を指すのでしょうか。

発電所から家庭のコンセントまで届けられている電気は、交流といって、時間に対して一定の周期で電圧がプラスとマイナスに変動します。交流の「電気の品質」には、①電圧の大きさ、②周波数、③電圧の波形、④停電を起こさない――という4つの指標があります。停電を起こさないという意味で、「安定供給」または「供給信頼性」という言葉が使われます。

電圧とは100ボルト、100万ボルトなどと示されるもので、電気機器などを利用する際の基準の一つです。日本の場合、家庭には100ボルトの電気が届けられています。多くの家電機器はほとんどが直流で動いており、コンセントに届いた100ボルトの交流の電気を、AC／DCアダプターで直流に変換して使用しています。

例えば電圧が高くなくなると、電気が流れていても感電しないよう保護している物質（絶縁体）が破損しやすくなります。これが破損するとショートして電気機器の外箱に電流が流れて

図2-3　電圧・電流の波形

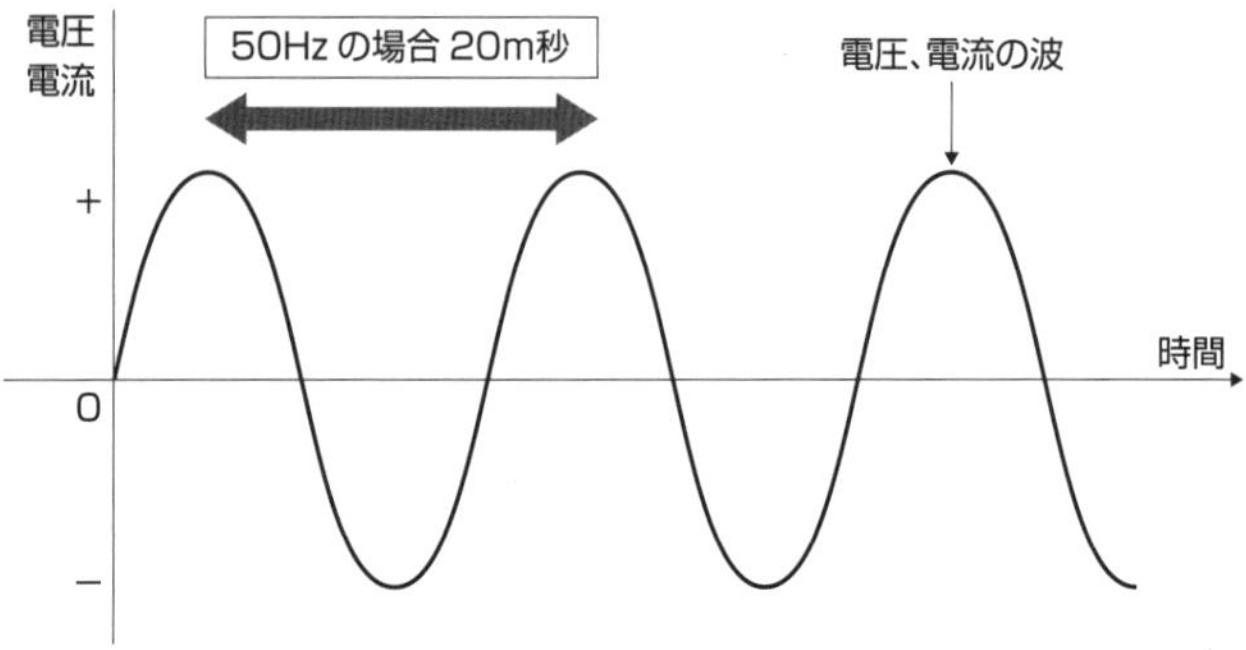

しまい、結果として、人が感電したり、機械が壊れたり、熱を帯びて火災の原因になったりする恐れがあります。一方、電圧が低くなると、必要な電力が来なくなるため機器が作動しなくなります。

　周波数とは、電圧のプラスとマイナスの間の振動回数のことです。交流の電気は電圧が一定の波になっており、その波形がゼロ点を何回通るかで周波数が決まります。日本の場合、東日本は50ヘルツ、西日本は60ヘルツです。50ヘルツの電気の波は１秒間に１００回ゼロ点を通り、60ヘルツは１２０回通ります。周波数はコンセントからも簡単に計測できます。電圧の波形とは、時間とともに進行するそのグラフの形のことです。

　周波数や電圧、またその波形は、電力需給のバランス状況が把握できるため、電力会社にとって重要な指標となっています。

❖周波数と停電

発電機やモーターは一定の周波数に合わせて回るよう設計されています。周波数が変動してしまうと、回転スピードが変わってしまうため壊れやすくなります。

一般の家庭にある電気機器にもモーターは使われていますが、現在はインバーターという電力変換装置があるので、周波数が変動しても機器側で調節し、回転数が変わることはありません。しかし発電機は、発電機自体が電気エネルギーを生み出し、周波数をつくり出すものであり、常に電力ネットワーク内の周波数と同期しています。

電力系統側で事故が発生すると、発電機の回転速度が大きく乱れ、その結果、周波数も大きく乱れるため、発電機が壊れる可能性が出てきます。そのため、ある一定の設定値を超えて周波数が大きく変動した場合は、発電機を電力系統から切り離す設定になっています。周波数変動は一般的に平常時にはプラスマイナス0・2ヘルツ以内（北海道、沖縄はプラスマイナス0・3ヘルツ以内）に抑えることになっています。

図2-4 発電量・電力消費量と周波数変動

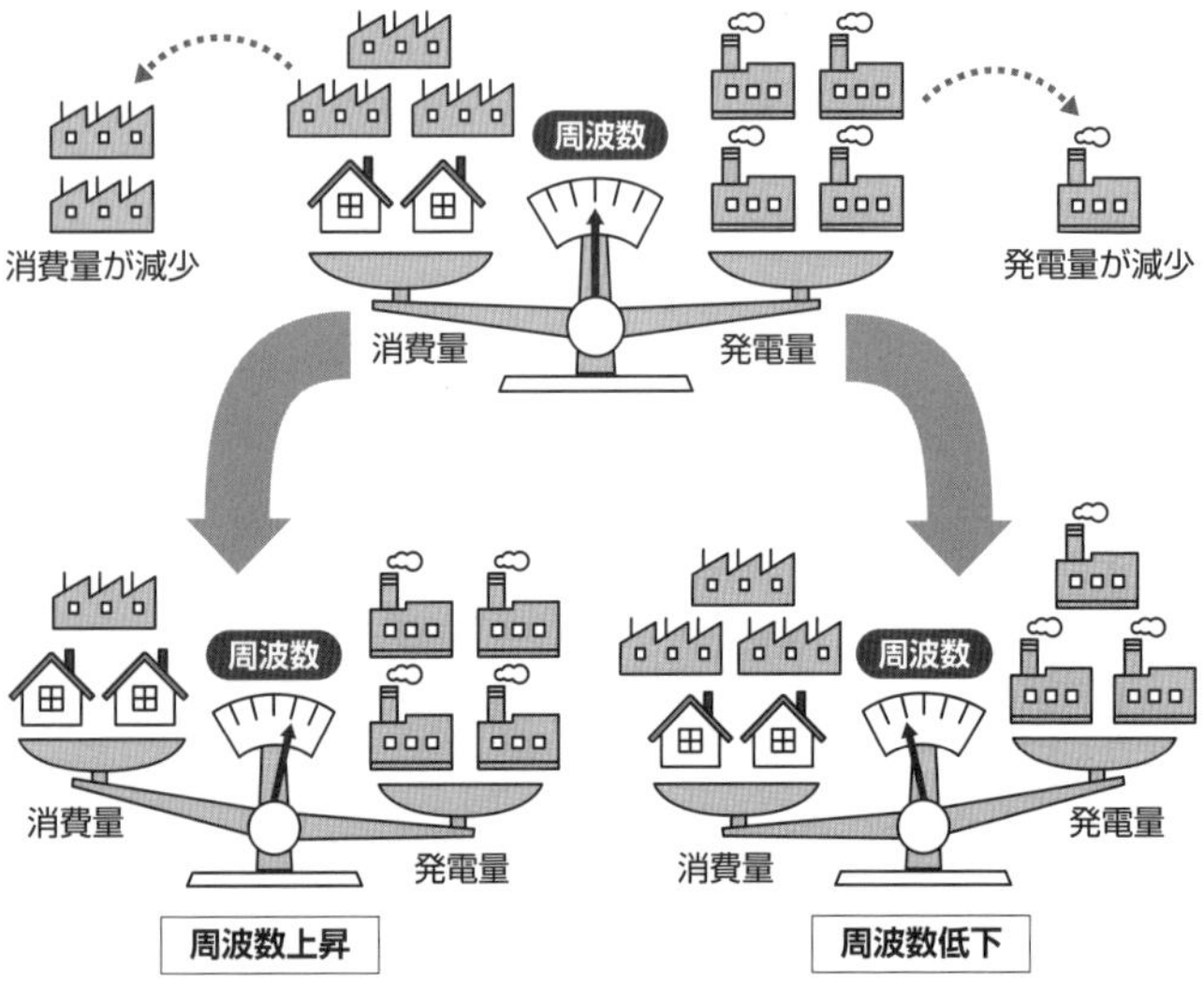

例えば落雷などによって送電線に事故が発生した場合、発電所から電気を送ることができなくなります。しかし電力需要は変わらないので、ほかの発電所から不足電力を補充できない場合、需要と供給のバランスが崩れ、周波数は低下してしまいます。その影響を受け、周波数の変動に弱い発電所が系統から切り離されます。すると、さらに周波数が低下して、そのほかの発電所も次々に系統から切り離されるため、周波数を元に戻せなくなり、大停電になる可能性があります。実際に、ニューヨークや欧州で起きた大停電は、この理由で発生しています。

東日本大震災前の2010年まで、日本の停電時間は1軒当たり年間数分から20分の間。フランスは50分程度、イギリスは90分程度、アメリカは100分程度でした。これを見ても、日本の電力品質は、世界の中で突出して高いといえるでしょう。

これは送電ネットワークや配電ネットワークに高度な情報通信網が導入されているためです。例えば配電線に事故が起きた場合、自動的に事故部分を切り離し、事故が解消するとすぐにその部分を復帰させることで、停電の影響を最小限度に抑えるような自動化システムが導入されているのです。事故地点を部分停電させ、他の地域への波及を防ぐことで、この短い停電時間を実現しているのです。

❖ 需要変動にどう対応するのか

周波数や潮流などを調整して安定的に電気を届けるための電力ネットワークの制御は、現在、電力会社ごとにある中央給電指令所が行っています。

電力会社では毎日、電力需要予測を行い、それに対応する発電所の運転計画を作って、中央給電指令所から発電所の運転をコントロールします。これを需給運用といいます。需給運用に

図2-5　火力・水力における周波数調整機能

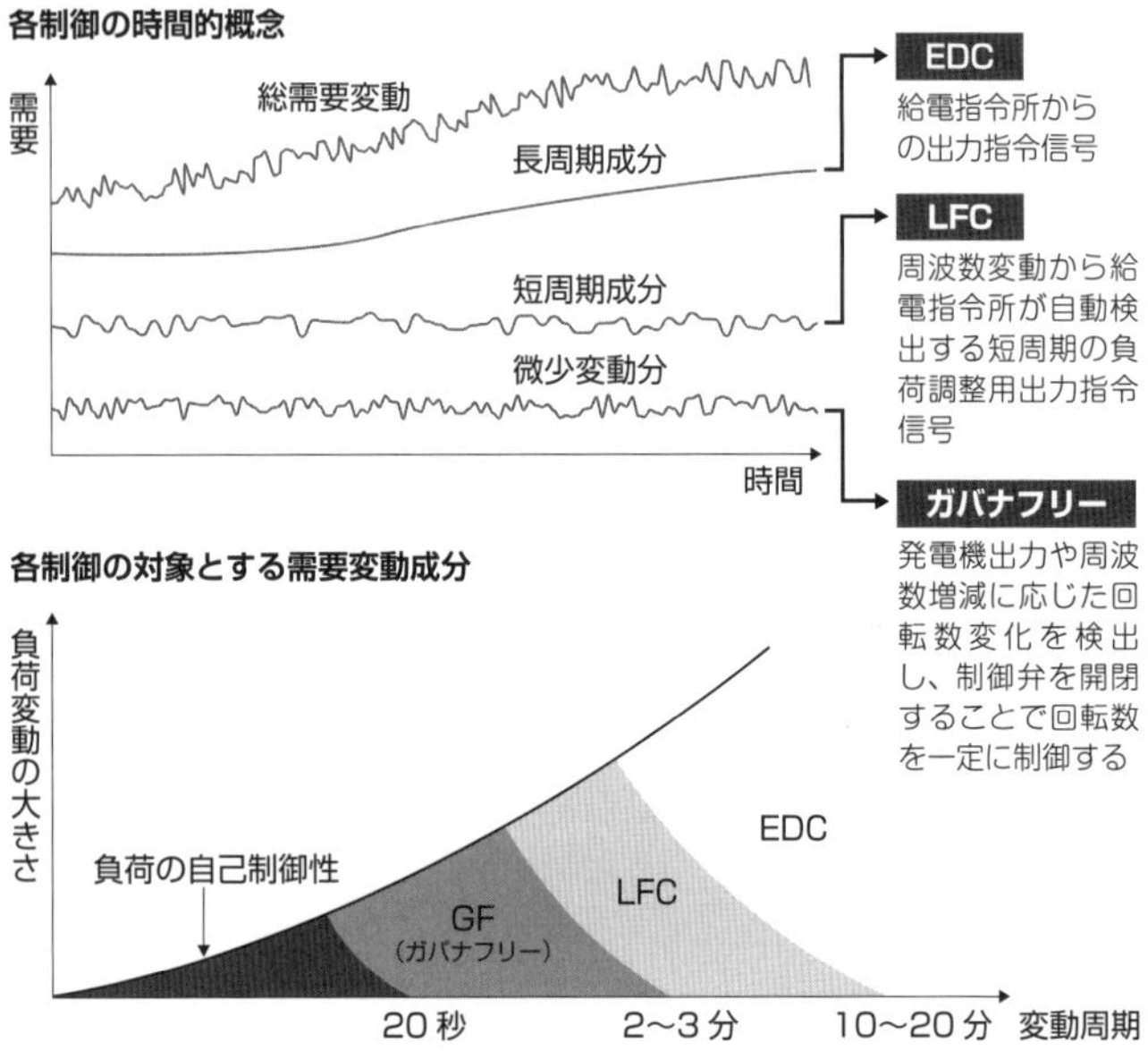

当たっては、1週間、1日の需要を予測して計画を立てた上で、需要の動きを周波数で監視しながら、3分先または10分先の需要を予測しつつ運用します。

大きな需要変動への対応は中央給電指令所が指示しますが、実際の電力需要は数十秒単位で細かく変動しており、これについては発電所側で自動的に調整しています。火力発電所や水力発電所には、周波数が一定になるよう自動的に出力を変動させる機能がついているのです。

その機能には、発電機の蒸気（火

力）や水（水力）の弁を発電機の回転数の変動に応動させるガバナフリー運転と、電力系統の周波数変動に対して弁を開閉制御する周波数制御（ＬＦＣ）があります。ガバナフリー運転は数十秒から数分程度、ＬＦＣは数分から20分程度の周期の負荷変動に対して出力の調整を行います。通常、ガバナフリー運転による調整力は並列火力発電機容量の５％程度、ＬＦＣは系統容量の２％程度を保有することが望ましいとされています。

中央給電指令所では、これらの機能の限界を超えて周波数が変動しないように、３～５分先の予測負荷に対して各発電所の発電出力を修正します。この際、燃料費を最小にするようボイラー系まで含めて制御します。これを経済負荷配分制御（ＥＤＣ）といいます。

2. 再生可能エネルギー導入で課題になる周波数

国や地域によって電力の需要曲線は異なりますが、電気は貯められないため、世界のどの国もほぼ同じように、周波数の変動を見ながら、発電所側で出力を上下させ、電力需給のバランスを取るという需給運用を行っています。

電力供給においては、発電量と需要（電気の消費量）を瞬時瞬時に合わせる必要があり、それには周波数という指標が重要となると述べてきました。需要はランダムに変動するので、それに合わせて発電所の出力を増減させることで、安定的で品質の高い電気を供給するのが、これまでの電力ネットワークの需給制御でした。

しかし再生可能エネルギーの導入量が増加すると、発電量も電力需要と同じようにランダムに変動するようになります。太陽光発電や風力発電の発電量は天気まかせです。風力発電は数分~20分単位、太陽光発電は数秒単位で発電量が変動します。従来の電源のように発電量をコントロールできません。

前節でも述べましたが、電力ネットワークは最短で数分先を予測して運用されています。それよりも短い単位で発電量が大きくぶれてしまうと、運用は大変難しくなります。再生可能エネルギーが大量導入され、短時間に大きく発電量が変化すれば、需給運用が難しくなることが懸念されています。

再生可能エネルギーの導入量が少ないうちは、電力ネットワーク全体で変動を吸収し、需給バランスを取ることも可能です。例えば従来型の発電所が自動的に調整できる範囲であればバランスが保たれます。しかし導入量が多くなるとバランスを取るのは難しくなり、周波数が変動してしまいます。発電量を増減させるにもタイムラグがあり、例えば急激な変化に対応するため、停止していた発電所の発電が必要になった場合、数分で立ち上げることができる電源は、ダム式水力などに限られます。

電力会社はこれまで需要家の電力需要の変動だけをみながら発電量を調整すればよかったのですが、再生可能エネルギーの導入が進めば、各地の太陽光発電や風力発電の発電量の変化も予測しながら、瞬時瞬時に発電量と電力消費量を合わせる必要があります。

もちろん天気予報は可能です。晴れるかどうか、風が強いかどうかは予測できます。たくさん集まれば出力変動も平準化されるので、ある程度の対応は可能です。ただし、それは予測が当たることが前提となります。しかし天気予報が必ずしも当たらないのと同じように、点在する再生可能エネルギー地点の天気予報から電力ネットワーク全体の出力変動をいつも当てるのは至難の業でしょう。

このため大規模な太陽光発電所や風力発電所などに対しては、発電量が激変しないよう蓄電池を入れる、または中央給電指令所からの指令で運転停止できるようにする対策もありますし、

図2-6　太陽光発電の出力変動

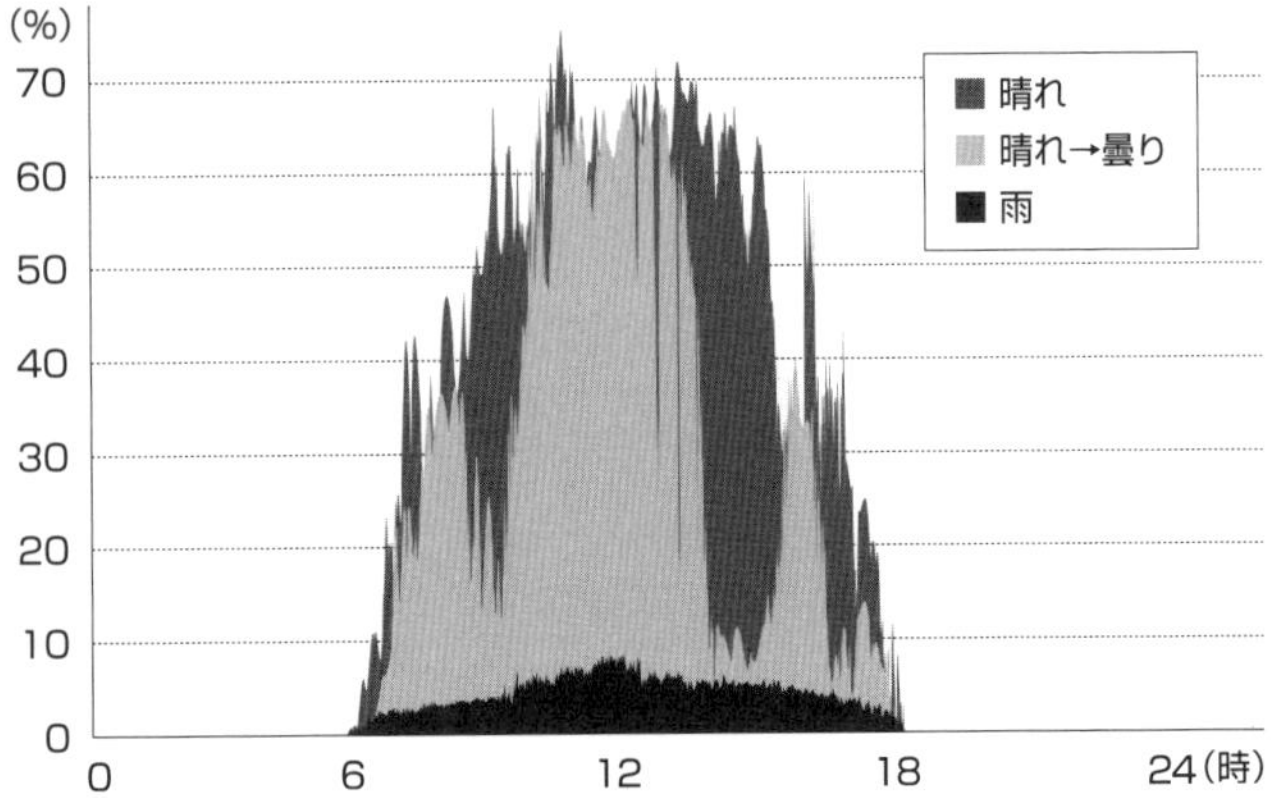

先ほど述べましたように変動を吸収するために電力ネットワークのほうに大規模蓄電池を導入する実証試験を行うなどの取り組みも行われています。

❖電力ネットワークの規模が小さい日本

日本では周波数の変動をプラスマイナス0・2ヘルツ以内に維持すると述べましたが、この基準は欧州に比べ3〜4倍緩くなっています。欧州ではプラスマイナス0・06ヘルツ以内を維持しなければならないと規定されている国がほとんどです。

欧州では、このような厳しい基準の下でも風力発電や太陽光発電が大量に導入されています。この理由は電力ネットワークの規模が日本の2倍大きく、さらにライフスタイルの違いから日本と比べて電力需要の変動が小さいという特徴があるためです。

日本から見ると、電力ネットワークの規模は欧州の2分の1と小さく、東西で周波数が異なるため、同一周波数の電力ネットワークの規模は欧州の4分の1となります。さらに同一周波数帯の地域でも、電力会社間をつなぐ送電線容量は小さく、電力会社の供給エリア内で需要と供給のバランスを取らねばなりません。このため、日本では需給の小さなアンバランスが周波数に大きな影響を与えてしまうのです。

❖ 風力発電、太陽光発電と電力ネットワーク

風力発電所は太陽光発電と比べると電力ネットワークの中でも少し上流側となる送電線に接続するケースが多いのですが、発電量の変動によって周波数が変動したり、大規模設備が密集する地域では送電網の電圧にも大きな影響を及ぼすことがあります。こうした場所では、風力発電事業者が電圧を調整する制御機器（SVC*）などを設置するといった対策を取ることになっています。

太陽光発電の場合は、電力ネットワークの中でも下流側の配電線に接続されることが多いこ

図2-7 太陽光発電設備接続に伴う電圧上昇のイメージ

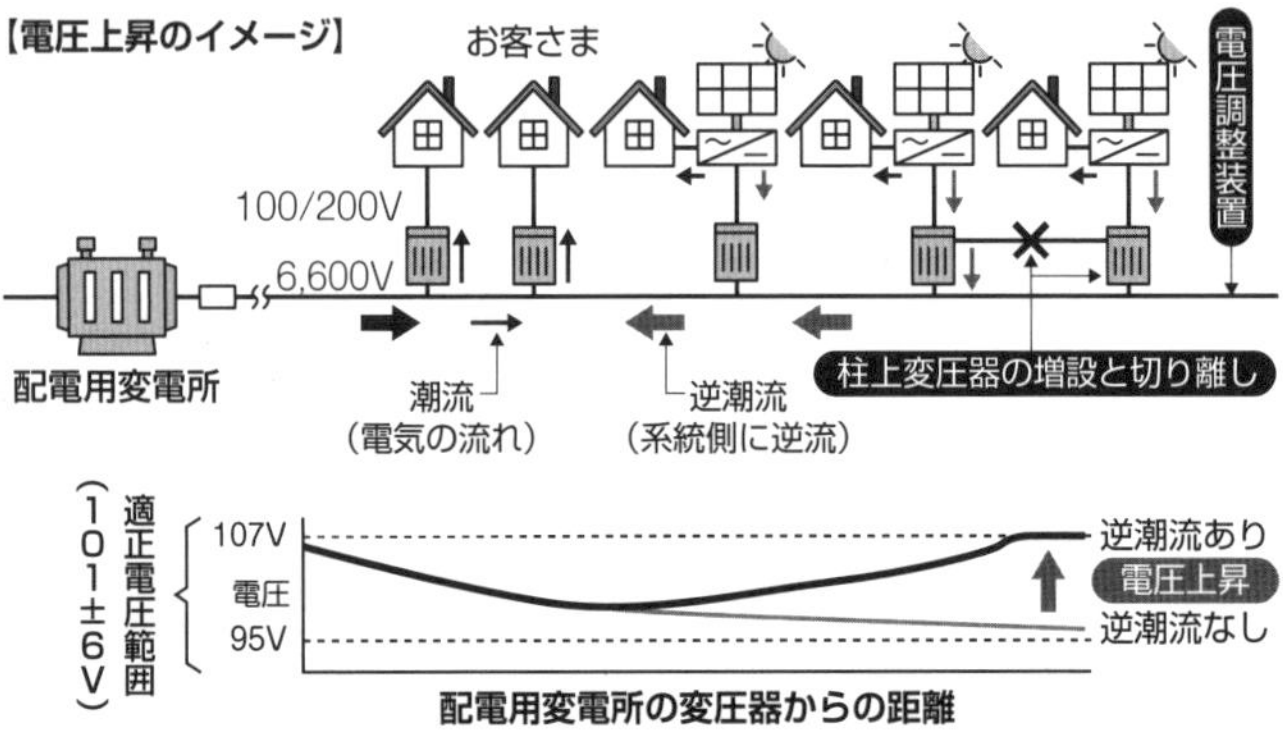

出典：電気事業連合会資料

とから、配電網の電圧に支障をきたす可能性があります。特に問題となるのは「逆潮流」の影響です。

私たちの家の近くにある配電線では、電気は上流の配電用変電所から下流の需要家に向かって一方向に流れています。電圧は電気が流れる方向に向かって下がっていく性質があります。

太陽光発電設備が家庭の屋根に設置されると、配電網の末端である家庭から配電用変電所のある上流に向かって電気が流れることになります。このように配電網において下流から上流に向かって電気が流れることを「逆潮流」といいます。

逆潮流が起きると、配電網の末端で電圧が上昇します。配電網の電圧の維持範囲は電気事業法施行規則で101ボルトプラスマイナス6ボルト以内とされており、これを超えて電圧が高くなると配電線につながる電気機器にさまざまな障害が出てきます。例えば、電気機器の外箱と箱の内部で電圧のかかっている部分との間で火花が発生し、故障したり、発熱して火災の原因になったりします。

このため逆潮流がある場合は、配電線の電圧を調整する必要があります。地域の配電ネットワーク内の太陽光発電設備が1～2カ所ならば、それほど問題は出てきませんが、多数の設備が接続されると調整は難しくなります。

その対策としては、①家庭用の電圧100ボルト／200ボルトに電圧を下げる柱上変圧器をたくさん設置し、1つの柱上変圧器につながる太陽光発電設備の数を減らす、②電圧を調整する制御機器（SVC）などを配電線につける、③電線を太くする――などが考えられます。

また抜本的な解決策として、電圧レベルを上げてしまうということも考えられます。現在、配電網は6600ボルト、家庭内は100ボルトまたは200ボルトという電圧ですが、欧州など世界標準となっている配電網2万2000ボルト、家庭内400ボルトまたは230ボルトに昇圧するのです。配電線の電圧を高くすると相対的に太陽光発電による電圧の変化は小さくなります。ただしこれは配電網や家庭の機器をすべて取り替えることになるので、時間とコストがかかるでしょう。配電線地中化への要望が高まっていますが、将来的には地中化すると同時に電圧を高くするなどの方法により、この時間とコストの問題を解決することも考えていかねばなりません。

＊ＳＶＣ　静止型無効電力補償装置。サイリスタを用いた高速制御により、負荷状態に応じて無効電力を連続的に変化させて、応答速度の速い無効電力補償を行うことができる。

❖電力消費量が少ないときに余剰電力をどうするか

再生可能エネルギーが大量に普及してくると、電気の余剰が問題になります。電気の消費量が少ない春や秋の休日、ゴールデンウイーク、または年末年始などの軽負荷期に、電気が余ってしまう可能性があります。

低負荷期の昼に、従来の発電所の発電量と、太陽光発電や風力発電の発電量の合計が、電力需要を上回って発電してしまう、つまり余剰電力が生じると、電力ネットワーク内の周波数を上昇させます。周波数を上昇させたままにしておくと、発電設備が次々と系統から切り離され、結果として大停電が起きる可能性があります。

通常、電力会社は周波数が低くなると電気が足りないと見て、発電所の出力を上げていきます。また周波数が高くなると、電気が余っていると見て、発電所の出力を下げていきます。調整できない太陽光発電や風力発電が需要を上回って発電した場合にも、周波数が高くなってしまうため、火力発電や水力発電の出力を下げて調整します。しかしそれには限界があります。

低負荷期はそもそも稼働している従来型の発電設備は少なくなっています。こうした場合、太陽光や風力の発電量が予想をはるかに上回り、余剰が生じても、従来型発電設備がその分の発電量を下げられない場合もあります。原子力が稼働している場合は、原子力は一定運転が原則ですから下げられません。水力も容量に限界があります。そうなると調整運転に対応できるのは火力だけです。ただし低負荷期は火力の稼働も少なくなります。もし完全に対応しようとすれば、火力が太陽光、風力の最大余剰出力合計以上の発電を行っていなければならないでしょう。

国が計画している通り2030年までに5300万キロワットという大量の太陽光発電設備の普及が実現すると、ゴールデンウイークや年末年始、春秋の土日などに実際に電気が余ってしまうのではないかと懸念されています。ベース供給力でありまたCO_2を出さない原子力で出力を調整するわけにはいかないので、ミドルからピーク供給用の火力か水力で調整するわけですが、低負荷期の休日などは、火力発電も水力発電も、もともと出力を下げて運転していますから、出力の下げ代が少ないのです。

こうなると需要をつくるしかありません。第一候補となるのは現在夜間の電力需要をつくるために利用されている揚水です。しかしその能力にも限界がありますし、すぐに数多く建設できるものではありません。

そこで必要になるのが大容量の蓄電池です。しかし蓄電池はまだ高価で、小容量です。何日も続く連休の余剰電力を貯められる蓄電池を揃えようとすると、莫大な資金が必要です。東日本大震災前に行われた経済産業省の試算によると、春、秋の土日の余剰電力を貯蔵するために必要な蓄電池投資は、2030年までに6兆円にものぼります。蓄電池の量を削減し投資を圧縮するために、需要の低い日が連続するゴールデンウイークや年末年始などには太陽光発電を止めるなどの対策が必要です。

2012年から始まった再生可能エネルギーの固定価格買取制度（FIT）では、電力会社

図2-8 低負荷期における余剰電力発生のメカニズム

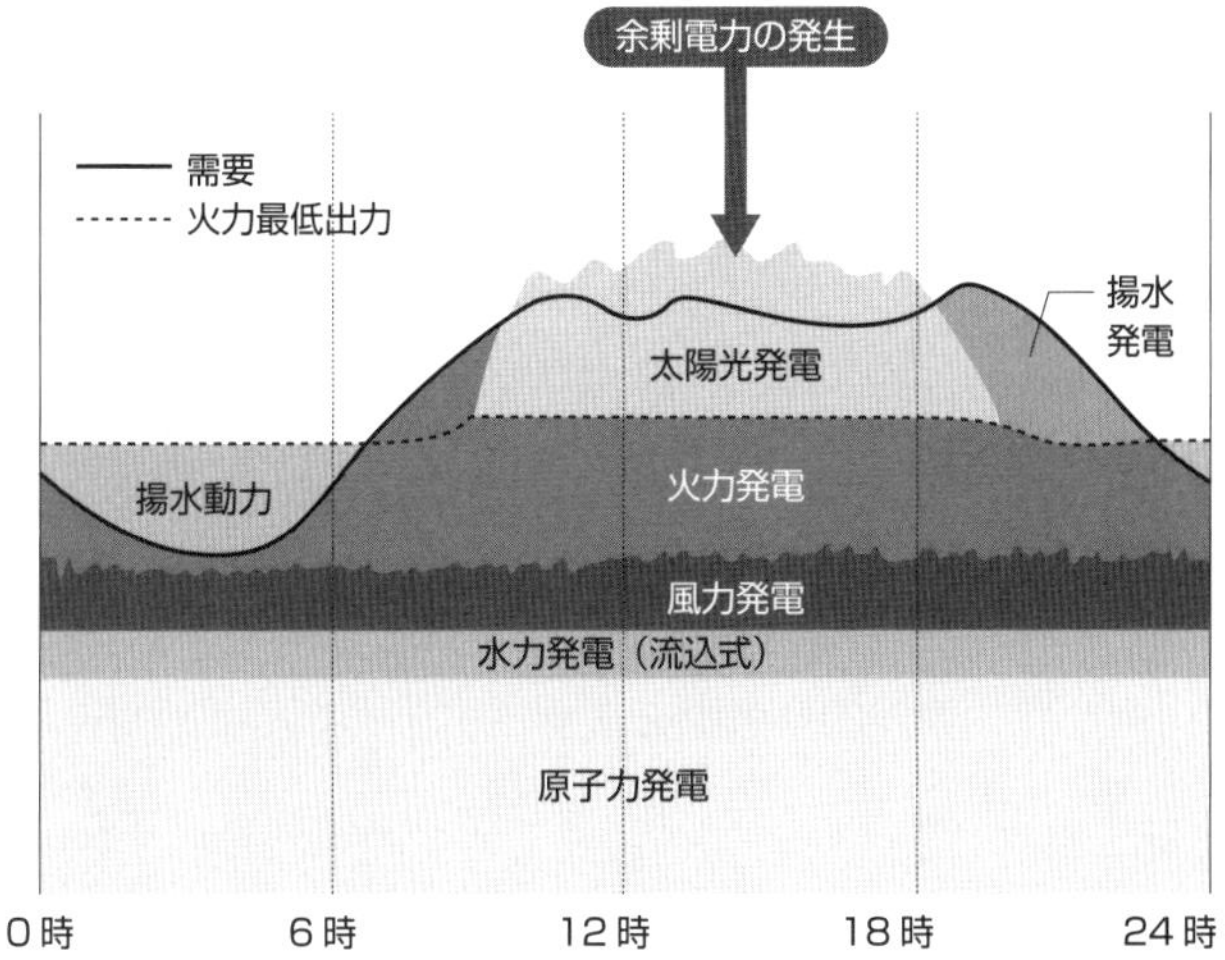

は太陽光発電設備については年間360時間まで、風力発電設備については年間720時間まで、補償措置なく出力抑制できると定められています。

東日本大震災後は原子力の比率が下がり、火力の比率が上がったので、出力の下げ代は増えていることになります。しかし、再生可能エネルギーの導入が進む北海道、東北、北陸、中国、四国、九州、沖縄の7電力会社は、出力抑制制度を使ったとしても安定供給が保てなくなるとして、時間的制約を超えても無補償で出力抑制できる指定電気事業者に指定されています。

3. スマートグリッドの完成予想図

再生可能エネルギーの大量導入計画は、日本だけでなく世界で進んでいます。当然ながらこれまで述べてきたような問題は、どの国にも生じます。再生可能エネルギーを本格的な電源として利用するには、それに対応する新たな電力ネットワークシステムが必要になるのです。そして、その解が「スマートグリッド」といわれています。

国際電気標準会議（IEC）という標準化団体では、スマートグリッドを「電力ネットワークの利用者やその他の利害関係者のさまざまな行動を統合し、持続可能で安価で安定な電力を効率的に供給することなどを目的として、双方向情報通信・制御技術や分散処理機能やそのためのセンサーやその機能を実現する装置を備えた電力システム」と定義しています。

そして、スマートグリッドが備える機能として、①系統運用の自動化、②電力品質の管理、③太陽光発電や風力発電などの分散型電源の管理、④電気料金などに反応して需要家が電気の消費量を増減させるデマンドレスポンス、⑤スマートメータリング、⑥停電を起こさないように

図2-9 日本型スマートグリッド完成予想図

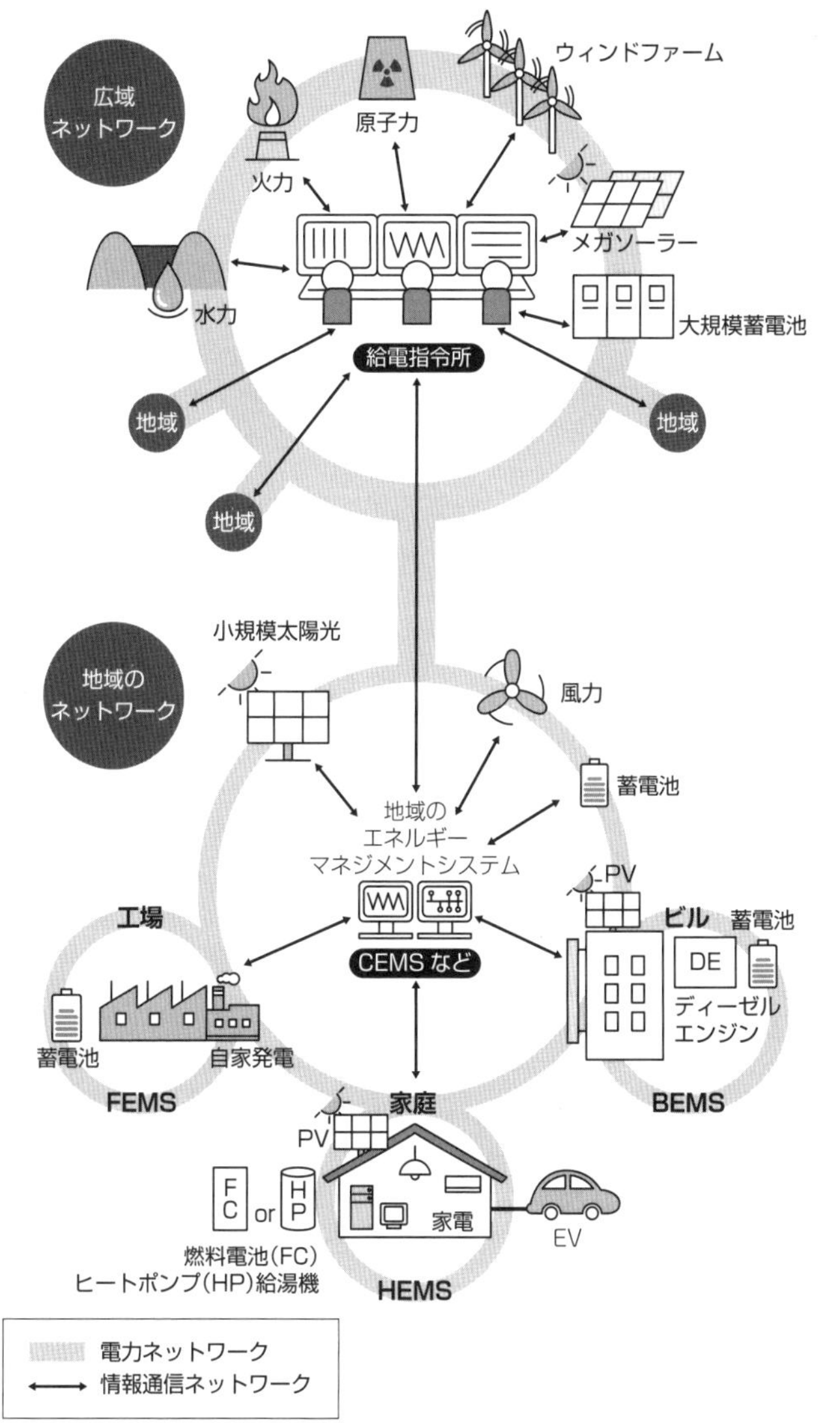

設備をしっかりとメンテナンスする予防保全、⑦いったん停電が発生するとその範囲をできるだけ小さくしてできるだけ早く停電を解消する停電時の管理、⑧エネルギー貯蔵の管理——をあげています。

具体的にはどのような方法でそれを実現するのでしょうか。

スマートグリッドの共通概念を図にすると図2-9のイメージになります。

火力発電所や原子力発電所などの集中型電源、メガソーラーやウインドファームなどの大規模分散型電源からの電気は、送電線や配電線などの電力ネットワークを経由して街まで届けられます。街中には蓄電池や蓄熱機器があり、また家には太陽光発電や電気自動車、ヒートポンプ給湯機（エコキュート）などがあります。家庭やビルの中の電気製品はスマートメーターなどのスマートインターフェースとつながり、これらが一体的に運用されています。

❖スマートグリッドを電気の流れから見る

スマートグリッドにはさまざまな要素がありますが、まず、電気の流れに沿って、その全貌を見ていきましょう。

上流側

スマートグリッドを構成する上流側、つまり集中型発電所から送電ネットワークまでを見てみます。

ここには従来の集中型電源である火力発電所や原子力発電所、水力発電所、揚水発電所が接続されています。またウインドファームやメガソーラー発電所も送電ネットワークにつながっています。

また将来的には電気の貯蔵施設である大容量の蓄電池や圧縮空気貯蔵施設（CAES）なども接続されると考えられます。圧縮空気貯蔵施設とは、地下の空洞に空気を圧縮して貯蔵し、必要な時に、その空気と一緒に燃料であるガスを燃やしてタービンを回して発電するというもので、空気版の揚水発電所です。現在、欧州で研究が行われています。圧縮空気をそのままタービンに入れて発電する設備も小容量ですが出てきました。

送電線にはいくつもの電圧や電流を測定するセンサーや遮断器と呼ばれるスイッチがあって、中央給電指令所や基幹系統給電所などという電力系統の指令を出すところに情報通信システムでつながっています。

送電ネットワークにおけるこれらのセンサーやスイッチをまとめて、「保護リレーシステム」といいますが、こうした設備は送電線や変圧器などすべての電力設備を落雷などの事故から守るためにいたる所に導入されています。日本の場合、送電鉄塔の一番上に架けられている避雷線に、光ファイバーが埋め込まれた架空地線（ＯＰＧＷ）という高速データ通信ネットワークを用いることにより送電線や変電所における事故の状態をリアルタイムにチェックできるようになっています。また、マイクロ波無線を用いた通信設備もネットワークが張り巡らされており、保護リレーシステムとして光ファイバーネットワークとともに使われています。これにより落雷による地絡など送電線の事故があったとしても、どこで発生しているかは瞬時に特定できます。

また、１カ所で発生した小さな落雷などによる地絡事故が原子力発電所も含めた広範囲の発電所の停止などを引き起こし、大規模停電にならないようにさまざまなセンサーからの情報を光ファイバーネットワーク、マイクロ波ネットワークで集めて処理を行い、発電所や変電所、送電線のコントロールを行う保護リレーシステム（事故波及防止リレーシステムともいいます）は、日本が最も進んでいます。

　こうした情報通信システムがあれば、ウインドファームやメガソーラー発電所の発電量の変化を測定・伝送したり、需要に合わせて揚水発電所の運転や大規模蓄電池への充電などへの指令を出したりすることも可能です。

下流側

　次は配電ネットワークから下流側の構成要素を見てみましょう。

　配電用変電所、配電線、柱上変圧器、引込線などは従来通りですが、スマートグリッドになると、ここに小規模の風力発電機や小水力発電機、中規模クラスの蓄電池などが入ります。家庭に入ると、従来のメーターである円盤型の積算電力量計が、デジタル型のスマートメーターとなります。このスマートメーターの情報が家の中で見られるようになっています。またホームエネルギーマネジメントシステム（HEMS）に代表されるスマートインターフェースがその情報を利用して、太陽光発電設備、ヒートポンプ給湯機や燃料電池などのコージェネレーション発電装置、テレビ、洗濯機、冷蔵庫などの家電製品、プラグインハイブリッド車や電気自動車などを統合制御します。

配電線にも送電線と同じような電圧・電流を測定するセンサーや開閉器と呼ばれるスイッチ、そして通信システムが必要になります。日本の配電ネットワークにはスイッチが設置されていて、自動的に事故発生地点をみつけ、その区間以外は自動的に復旧できるようになっています。これは配電自動化システムと呼ばれています。

欧米では、このような配電自動化システムはそれほど普及していません。今後、再生可能エネルギーの導入に伴い、電圧・電流測定センサーが配電ネットワーク内に多数設置されると予想されますが、そうなると日本の配電自動化システムはさらに高度化されるでしょう。

スマートメーターは、需要家の電力量、つまり私たちが自分で使っている電気の使用量をリアルタイムで見られるようにしてくれる機能がついています。米国ではすでにこのような機能の入っているメーターが設置されています。イタリアをはじめとする欧州では、すでにスマートメーターが全戸に導入された地域があり、自動検針や電気料金の不払い時の供給停止などに使われています。

スマートメーターから先の、家の中の家電機器は、電力会社、第三の事業者、または家の人自らが制御するようになるでしょう。例えば電力会社が直接制御する場合、電気が余れば太陽光発電設備を切ったり、駐車中の電気自動車があれば充電させたり、エコキュートなどのヒートポンプ給湯機を動かしてお湯を作ったりするでしょう。もしくは、電力会社が、「電気が余っている」または「足りなくなりそう」という需給情報を、「リアルタイムの電気料金」という形で私たち利用者に提供し、それによって私たち自身が電気の利用方法を変えるということもありますし、その情報から一定のプログラミングによって特定の家電機器を自動的に制御することも可能になるでしょう。

❖スマートグリッドの構成要素の現状と課題

電気の流れに沿って見ることにより、スマートグリッド実現へのさまざまな構成要素が明らかになってきました。構成要素を6つのジャンルに分けて、それぞれの現状と課題を見ていきましょう。

①送電ネットワーク・配電ネットワークでの監視・制御システム

まず、送電ネットワークや配電ネットワーク部分に大量のデータをやり取りすることのできる通信機能をもたせ、送電ネットワークや配電ネットワークにつながっているいろいろな機器への指示ができるようになる必要があります。日本ではこうした機能は系統自動化システムや配電自動化システムなどと呼ばれ、すでに導入されています。

その上で、新たに導入される太陽光発電や風力発電などの分散型電源と需要家を協調させて運用するツールの開発が必要になります。大量に連系された分散型電源とエネルギー貯蔵装置、需要家側の反応（デマンドレスポンス）のための制御システムの構築が必要になりますし、また配電ネットワークの中でも大量のスマートメーターやホームエネルギーマネジメントシステム（ＨＥＭＳ）などの制御インターフェースからどうやって情報を収集するかという点での新たな情報通信ネットワークの開発・検証が必要となります。

②分散型電源の管理

分散型電源のうち、制御ができるディーゼル発電やバイオマス発電、地熱発電などの管理は問題ありませんが、大量に導入される風力発電や太陽光発電は制御ができないため、どうやって管理するかに課題があります。風力発電や太陽光発電の設備に蓄電池を付属させるのか、もし蓄電池を付けた場合にどう制御するのか。蓄電池を付けない場合は、電力系統の状況によっては太陽光発電や風力発電を止めるという制御を行えるようにするのかという点です。

例えば、電力需要の少ないゴールデンウイークに太陽光発電により系統全体の発電量が需要を上回ってしまった場合、太陽光発電のスイッチを切るという管理も必要です。

２０１２年にスタートしたＦＩＴでは、当初、５００キロワット以上の大規模な太陽光発電設備や風力発電設備のみを対象に、年間30日間まで電力会社が出力抑制を指示できるようになっていました。しかし前述の通り急速に導入が進み、系統の安定が保てなくなる可能性が出てきたため、対象を広げ、より柔軟な運用制御ができるよう、制度の見直しが行われました。

③スマートメーター

現在の家庭用電力量計は円板が回転して測るアナログ機器が主流で、電気料金を請求する際には、検針員がメーターの数値を直接見て記録することで把握しています。

しかし、今後はデジタル化され、通信機能などいろいろな機能がついた「スマートメーター」が普及していきます。例えばイタリアの電力会社エネルは全戸にスマートメーターを導入し、自動検針を行ったり、料金不払いの顧客の電気を遠隔で止めたりすることに利用しています。しかし、家電機器を直接制御したり、電気使用量や電気料金などの情報をリアルタイムで提示したりということには利用していません。もともと欧米では、検針が3カ月~1年単位のところも多く、顧客サービス向上や検針コストなどの削減を目的に、スマートメーターを導入しているのです。

米国でも多くの電力会社で通信機能付きのスマートメーターを導入する動きが加速しています。カリフォルニア州の電力会社であるサザンカリフォルニアエジソンなどでは、スマートメーターにより顧客がリアルタイムで電力使用量を知ることができるようにしています。

スマートメーターには検針データを送信するための通信回線が必要になります。イタリアではスマートメーターから配電ネットワーク内の中継器までは低速の電力線搬送通信(PLC)を利用し、そこから電力会社までは携帯電話無線を利用しています。カリフォルニア州では無線を使用しているようです。日本では、スマートメーターから配電ネットワーク内の中継器までは無線またはPLCを用い、中継器から電力会社までは光ファイバーを用いて通信する実証試験が行われています。通信回線はスマートメーターが普及する際の重要な課題となります。各家庭のブロードバンド回線を利用してもデータ通信はできますが、その場合は、外部からデータの改ざんができないような工夫も必要ですし、電力会社が通信回線使用料を支払ったりする必要があるでしょう。

さらに家庭内の電気機器の制御を行う場合、機器の数が大量ですから機器制御信号のやり取りについての標準化が必要です。どのような通信プロトコルや信号制御方式を使うのか、スマートメーターから直接制御できるようにするのか、顧客側が自主的に制御するようにするのかでも異なります。例えば、太陽光発電が大量に発電している時間帯では、電気料金を下げて需要を喚起するということも考えられますが、その場合、電気料金の情報と自分の家の電力使用状況の情報が同時に得られる必要があります。この部分をどう設計するのかもこれからの課題です。さらに、電力会社が緊急時に強制的に太陽光発電の出力や、家庭内の電気機器、電気自動車の充電機器などの電力消費量を変更することも考えられますが、その場合、どのような条件で行うのかという実証や法的整備も必要になるでしょう。

また、スマートメーターからどのような形で家電機器と通信するかも課題になります。米国ではジグビー（ZigBee）という家電向けの低コストで低消費電力の無線通信規格を使ってスマートメーターから家電機器に電波を飛ばし、制御しようとしているようです。到達距離は10~70メートルで、乾電池程度の電力で100日~数年間通信できるようです。

日本では、スマートメーターから電力会社への通信（Aルート）のうち、スマートメーターとその近くのデータ集約装置（コンセントレーター）の間は小電力無線を使ったマルチホッピング方式や電力線搬送（PLC）を利用することが検討されています。またデータ集約装置から電力会社までの間は光ファイバー網などを利用するようです。スマートメーターから家庭内の通信（Bルート）については、電力線搬送（PLC）や特定小電力無線などが検討されています。

④スマートストレージ

ストレージとは英語で「貯蔵」という意味です。つまり蓄電池や蓄熱など何らかの形でエネルギーを貯蔵することをいいます。電力系統でいえば、例えば揚水発電所も、余っている電気エネルギーを使って水を貯水池に汲み上げることで、位置エネルギーとして蓄えたということになります。

スマートグリッドでいうストレージには、蓄電装置や蓄熱機器、または電気自動車、空気圧縮貯蔵施設などがあげられます。蓄電装置には大容量蓄電が可能なナトリウム硫黄電池（NAS電池）やリチウムイオン電池、レドックスフロー電池、超電導エネルギー貯蔵（SMES）、大容量キャパシタなどのほかに、電気自動車用の蓄電池や、風力発電や太陽光発電設備に併設される蓄電池もその中に入ります。東日本大震災以降は防災意識の高まりから、家庭用の小規模蓄電池が開発され、一般に販売されています。

また、家庭用のヒートポンプ給湯機であるエコキュートもスマートグリッドの要素として入ってきます。ヒートポンプはエアコンに使われている技術で、高効率に電気で熱を作りだすことができるため、給湯機にも適用され、現在、世界的に普及が進んでいます。家庭で400リットルくらいの貯湯槽を併設するので、電気を熱にかえて貯蔵する装置とみなすことができます。

太陽光発電や風力発電の発電量の変化をうまく蓄電したり、電気エネルギーを使って熱などほかのエネルギーに変換して蓄積したりすることで、電力ネットワークの安定運転に貢献しようというのがスマートストレージの使い方です。各家庭に設置されている電気自動車搭載の蓄電池を含む蓄電装置や蓄熱装置があれば、電気を貯めたり熱を貯めたりする時間を、電気料金の安い時間でまかなえば、電気料金の節約になりますし、全体の電力消費量のカーブが平準化されることになるので、ピーク時の最大出力が軽減される可能性もあります。こうなると、ピーク時に合わせて電源開発を行わなければならない電力会社にとってもメリットがでてきます。

将来的には太陽光発電や風力発電のエネルギーを使って水を空気分解し、水素として貯めておく、という方策も考えられますが、これはまだ開発段階の技術で、実現はかなり先の話となるでしょう。

⑤デマンドレスポンス（DR）

これまでにも触れていますが、スマートグリッドの特徴の一つは、スマートメーターによって家庭などの電力消費量が見える化されることです。これにより、消費者は電気を節約する方法が考えられるわけです。今後、電力需給が逼迫しているときは電気料金が高くなり、電気が余っているときは料金が低くなるというような料金設定をすれば、その情報によって、電気料金の節約ができるようになるでしょう。これは、消費者の行動つまり電力消費量を電気料金によってコントロールしようとするものです。電気料金や直接制御など、何らかの形で需要側をコントロールすることをデマンドレスポンス（ＤＲ）といいます。

米国では現在のところ、主に産業用や業務用を中心にＤＲが行われており、一部地域では利用可能なＤＲ資源がピーク需要の10％に達しているところもあります。欧州でも２０１２年10月のＥＵ指令でＤＲはエネルギーの効率化に重要だと位置づけており、市場整備が進んでいます。

家庭向けＤＲ事例としては米国で販売されている周波数に連動した洗濯乾燥機があげられます。周波数というのはコンセントですぐに測ることができます。周波数が低くなれば電力ネットワーク内の電力消費量が発電量より大きいことを示すため、乾燥機を止めるという動きをするものと思われます。また一部の地域では、緊急のピーク時に高い電気料金が発動されると家庭のエアコンやプールのポンプなどを自動制御して抑制するというＤＲサービスも始まっています。

日本では２０１４年度まで４地域で実施されているスマートシティの実証試験でＤＲの効果を検証しています。また２０１４年度からは、より実用に近いインセンティブ型ＤＲ実験が行われています。

電気料金ベース
時間帯別料金 Time-of-Use Pricing:TOU 使用単価価格が、その期間の平均の発電・送電コストを反映して、通常1時間以上24時間以内の間隔で変化するプログラム
緊急ピーク時料金 Critical Peak Pricing：CPP 卸売価格高騰時やシステムの不測の事態時に、限られた日数や時間、あらかじめ指定された高い価格を課すことによって、使用量の削減を促すよう料金や価格構造が設定されているプログラム
直接制御を伴う緊急ピーク時料金 Critical Peak Pricing with Control システムの不測の事態時または卸売価格高騰時に発動される、DLCとCPPを組み合わせたデマンドサイドマネジメント
リアルタイム料金 Real-Time Pricing：RTP 1日または1時間先を基本に電気卸売価格の変化を反映させ電気小売価格が毎時間もしくはさらに頻繁に変動する料金または料金構造
系統ピーク応答型託送料金 System Peak Response Transmission Tariff インターバル・メーターを所有しており、通信料を削減するためにピーク時の負荷を軽減する需要家のための条項、条件、料金

出典：経済産業省総合資源エネルギー調査会電力システム改革専門委員会資料などをもとに作成

4地域実証の成果については、後ほど述べますが、DRにより20％程度のピークカット効果があったとされています。しかし、本格的かつ全国的に活用していくには、さらなる検証が必要になります。

というのも、DRを実際に電力ネットワークの運用に導入するためには、それによって発生する電力消費量のシフト（負荷移動）を見積もるという課題があります。米国では実績をあげているようですので、ある程度

表2-1 代表的なデマンドレスポンスのメニュー

インセンティブベース
直接負荷制御 Direct Load Control：DLC プログラム設置者が直前の通知により、顧客のエアコンなどの電気機器を遠隔で遮断、もしくは循環運転する手法。原則的には一般家庭や小規模商業者用のメニュー
遮断可能負荷 Interruptible Load システムの不測の事態時に需要家に負荷軽減に同意させる代わりに、料金割引などを提供する契約下で、電気の使用量が削減または遮断されるメニュー。いくつかの例においては、需要の減少は、契約の規定に従い顧客への通知後に行う系統運用者の行動に影響を受ける
需給調整 Load as Capacity Resource システムに不測の事態が起こった際に、需要家にあらかじめ規定された負荷削減量を約束させるメニュー
瞬時予備力 Spinning Reserves 緊急時の最初の数分間、需要家が負荷軽減することで需要と供給のインバランスを調整するプログラム
待機予備力 Non-Spinning Reserves すぐには利用できないが、10分程度の時間をおいて需要家が負荷軽減し、需給のインバランスを調整するプログラム
緊急時需要応答 Emergency Demand Response 負荷削減が課されている間に得られた負荷削減量に応じて、顧客にインセンティブを付与するデマンドレスポンスプログラム
周波数制御 Regulation Service システム運用者からのリアルタイム情報に呼応して、需要家が負荷を増減させるプログラム。このサービスを提供している需要家は、約束期間中継続的に効率性が求められる。このサービスでは普通、通常の調整余地を提供するために、AGCに対応する
需要入札・買い戻し Demand Bidding and Buyback 需要家があらかじめ負荷軽減が可能な電気の量・単価を小売・卸売市場に入札して、電力会社や系統運用者が必要に応じて買い戻すプログラム

期待はできますし、思うように需給が一致すれば、蓄電池を導入する必要はありませんから、コストを抑えることができるかもしれません。

ただ米国のようにエアコンを年中つけっぱなしにしているようなライフスタイルであれば情報提供や価格誘導によって節電効果が期待できますが、日本の場合、もともと節約型の生活様式で、東日本大震災以降はその傾向がさらに強まっているので、あまり大きなシフトは期待できないかもしれません。電気料金もすでに季節別、時間別に料金差をつける季時別料金メニューがあり、消費電力を昼間のピークから軽負荷の時間帯である夜間に大きくシフトする工夫もされています。

さらに電力浪費型ライフスタイルの米国であっても、新たにスマートグリッドに対応した家電機器を買わなければ対応できないとなると、一部の富裕層だけが導入することになり、結局、負荷移動の量が確保できないでしょう。ＤＲにはたくさんの需要家が参加できなければ意味がありません。

また日本の場合、原子力が再稼働し始めると火力比率が下がり調整力が減少するため、ＤＲ発動の頻度やその価格など、どの程度のＤＲが必要となるのか極めて不確実になります。ＤＲ

で削減できる量を増やすための手法が課題となるでしょう。これについては第3章で詳しく述べることにします。

⑥スマートアセットマネジメント

電力ネットワークを構成する発電所や送電線、変電機器など電力機器を管理する方法をもっとスマート化しようという動きがあります。センサーなどをつけて、機器の状態を監視し、合理的かつ経済的に保修、取り換えをしようというものです。こうした動きはスマートグリッドとは別の、コスト削減という意味からも進んでいますが、情報通信システム、データベースなどを使い高度化するという意味ではスマートグリッドの一つの要素となります。

日本の場合、これまで電力ネットワークを構成する機器は、定期的に検査され、取り換えなどが行われてきました。しかし、今後はセンサーなどをつけることで、より詳細にデータを収集し、機器の状態に応じて修理、取り替えなどを行おうという動きが進んでいます。これは時間管理から状態管理への移行といわれています。

この分野では欧州が進んでおり、すでにアセットマネジメントの取り組みを始めています。まだデータが集まりきっていないと思いますが、今後、より高度な情報通信システムを利用してデータを集めていけば、コストダウンにつながっていくでしょう。

4．スマートグリッドの完成はいつ？

❖上流から下流までをいかに制御するか

このようにスマートグリッドの構成要素はいくつもありますが、最終的には、電力ネットワークの上流から下流まで、一体的に運用する必要があります。

上流側にある大規模風力発電所が予想よりはるかに少ない量しか発電しなかった時には、その情報が風力発電所から通信回線を通じて中央給電指令所に伝わり、待機している火力発電所が発電量を上げるとともに、需要家に提示されるリアルタイム電気料金を高くしてテレビを消したりエアコンを止めたり、または家庭用エネルギーマネジメントシステム（ＨＥＭＳ）が自動的にあらかじめ設定した機器の電源を落とすなどの行動を促し、電力消費量を減少させて火力発電所の発電量上昇分をできるだけ少なくする――ということが実現できなければいけません。全国的に晴れわたった休日に太陽光発電がフル稼働したならば、それが太陽光発電設備のパワーコンディショナーから通信回線を通じて配電用変電所、地方の給電指令所そして中央給電指令所に伝わり、余剰電力分が計算され、火力発電が出力を下げるとともに、電力消費を促すためにリアルタイム電気料金が安くなる、もしくはマイナスになり、それによって電気自動車などの蓄電池が充電を開始し、エコキュートがお湯を沸かし始めて余剰分を消費する――。こうした「スマートグリッド最終型」を実現するには、上流から下流までの機器の一体運用・制御が欠かせません。しかしその実現には時間がかかります。

❖完成には時間が必要

例えば、蓄電池一つとっても、数多くのさまざまな種類の蓄電池を一体的に制御するのは難しい問題です。蓄電池としては大規模電力貯蔵用と電気自動車用があります。さらに大規模の電力貯蔵用蓄電池としては現在ＮＡＳ電池が主流ですが、近い将来はリチウムイオン電池やニッケル水素電池、レドックスフロー電池などが出てくるでしょう。大規模蓄電池をどこに設置するのか、どれだけの規模が必要なのかも検討課題です。

自動車用の蓄電池では現在リチウムイオン電池が主流となってきましたが、同じリチウムイオン電池でもメーカーによって特性が違います。電気自動車が将来何千万台も走るようになるかもしれませんが、特性や状態の異なる大量の電池をうまく制御することは大変です。駐車場で充電器につながっている車の数は時間によって変わりますし、走行中は電力ネットワークの安定化のために充放電するなどということはできません。このように蓄電池を考えても、実際にスマートグリッド上で運用する場合には、どこにどのような種類・状態の蓄電池があり、どれだけの蓄電容量があるのかなどを考慮しながら制御を考えていかなければならないのです。

太陽光発電の余剰電力解決策として、家庭用など小規模の設備も一部地域で出力抑制の対象となったことから、今後、遠隔制御用の装置を付けることになるでしょう。余剰電力が生じる可能性のある時期には、電力会社などから出力上限値のパターンをあらかじめ設定して発電を停止させるのです。しかしこれについても、仕様を決め、標準化を行い、試験を行うという工程が必要ですので、製品となるまでに少なくとも1〜2年はかかるでしょう。さらに電力会社側でも小規模太陽光まで遠隔制御できるシステムを構築するには、数年単位の時間が必要です。

スマートメーターについても、何をどこまでメーターで行うのかということも整理していかねばなりません。家庭内の機器まで管理するのか、電気自動車も管理するのか、それはパソコンやそのほか専用のインターフェース機器にまかせるのか――などです。

スマートメーターの普及には7~10年程度かかる予定ですが、2016年には電力の小売全面自由化となります。自由化後はさまざまな小売り事業者が参入してくると考えられますが、アグリゲーターとしてDRのような付加価値サービスを行う場合、現在導入が計画されているスマートメーターにはその機能はないので、まず、スマートメーター以外のインターフェース機器を導入することになると考えられるでしょう。

第3章

日本版スマートグリッド最新動向

第3章では日本のスマートグリッドの現状について、詳しく見ていきましょう。

国家プロジェクトとしてのスマートグリッド技術開発は、2009年度から本格的に始まりました。政府が2009年4月に設定した「2020年に太陽光発電の規模を20倍の2800万キロワットに拡大する」という目標を達成するためには系統安定化が不可欠であり、そのためのスマートグリッド技術を確立することが目的でした。

国家プロジェクトとして、これまでに沖縄県の宮古島、千葉県の東京大学柏キャンパス、青森県の六ヶ所村などで、スマートグリッドに必要となるいくつかの技術についての実証試験が行われました。横浜など4地域で複数の企業や技術を組み合わせた実証試験は2014年度まで行われています。

スマートグリッドにはさまざまな定義や要素があると第2章で述べましたが、この日本版スマートグリッドも大きく分けて2種類あるといえます。前者は狭義のスマートグリッドであり、後者は広義のスマートグリッドです。

狭義のスマートグリッドとは、需要家との双方向通信によって集めた情報を使い、系統安定化のための制御を直接行う技術そのもののことです。広義のスマートグリッドとは、狭義のスマートグリッド技術に、リアルタイムの電気料金などによるデマンドレスポンス（ＤＲ）などを組み合わせ、その情報を見て人が節電またはより多く消費するという、「人の行動」が介在するものを指します。

1. 狭義のスマートグリッド

❖要素技術の開発はほぼ終了

狭義のスマートグリッドの実証試験は、主に、スマートグリッドを実現するために必要となる要素技術の試験でした。内容は、①太陽光発電出力予測技術開発実証事業、②次世代送配電系統最適制御技術実証事業、③離島独立型系統新エネルギー導入実証事業の３つで、２００９年度または２０１０年度から始まり、ほぼ２０１３年度に終了しています。

①太陽光発電出力予測技術開発実証事業

全国300カ所で日射量と太陽光発電設備の発電量を計測し、天気予報などによって発電量を予測しようという実証試験です。電力10社などが参加しました。

太陽光発電の出力は、天候などにより大きく変動しますが、太陽光発電の出力データや分析などについては、十分な知見が得られていないため、太陽光発電の出力予測は困難です。太陽光発電の導入量が拡大すると、短期的に需給バランスが崩れ周波数が適正値を超えるなど、電力の安定供給に問題が生ずる可能性も指摘されていました。2020年の太陽光発電の大量導入と電力系統の安定運用の両立に向けて、日単位から数分程度の出力予測技術の確立が不可欠であるとして、実施したのです。

具体的には日射量計や配電系統に設置される電圧・潮流センサーなどを活用し、太陽光発電のマクロでの出力状況の把握技術を開発するための太陽光発電の出力データの把握手法と、気象予報や太陽光発電の出力状況把握技術の確立のもと、日単位や3~5分程度の太陽光発電の出力予測技術の開発に取り組みました。

その分析から、全国で2800万キロワットの太陽光発電が主に家庭の屋根の上に設置され

図3-1 太陽光発電出力予測技術開発実証事業の概要

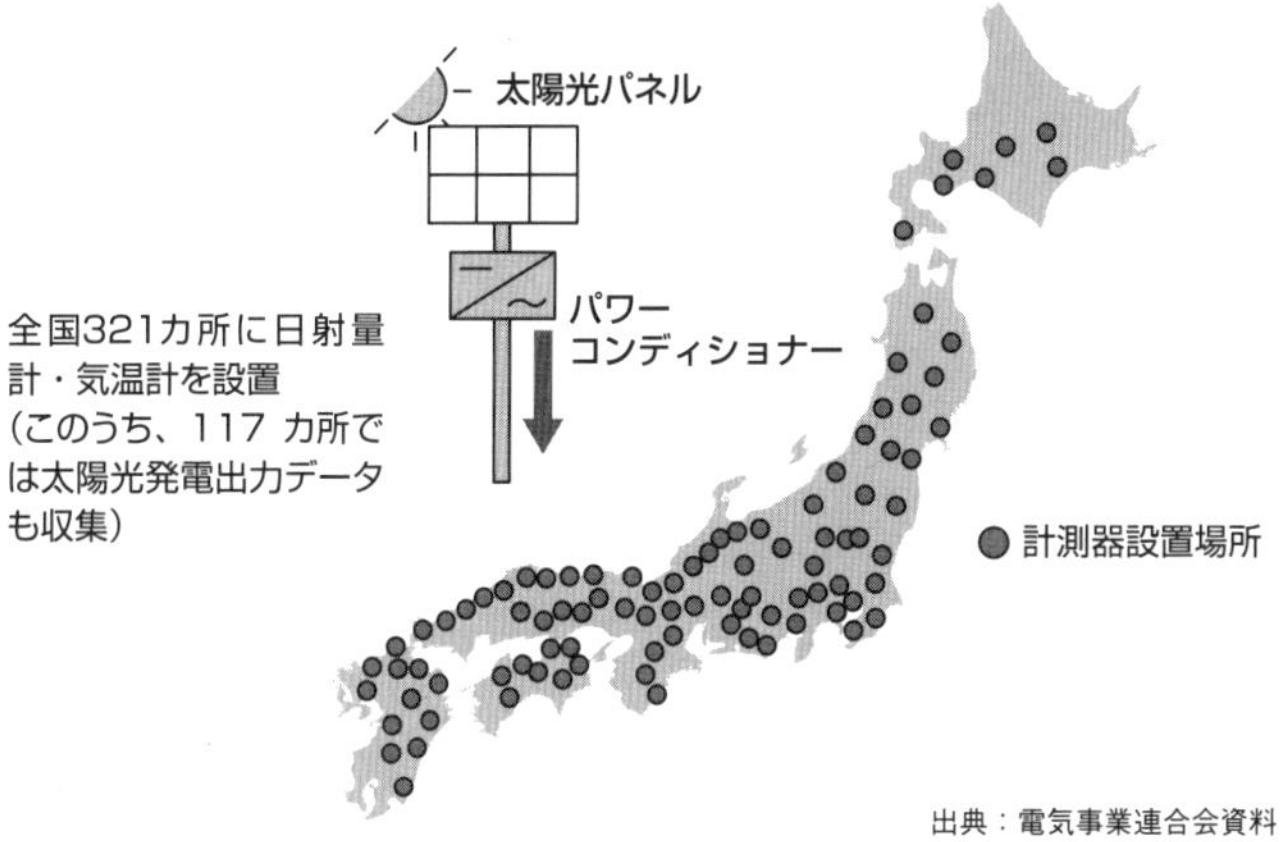

出典：電気事業連合会資料

た場合を仮定して、20分以下の周期の出力変動、いわゆる短周期変動の1日の最大電力に対する最大比率は、各電力会社の管轄エリアにおいて、電力需要の低い4～5月で1～2%であること、20分から数時間の周期の出力変動、いわゆる長周期変動の最大比率は、電力需要の低い4～5月で10～15%であることが分かりました。これは電力ネットワークが不安定にならないように周波数調整容量や下げ代容量を事前にどれくらい確保しておけばよいかの参考になります。

②次世代送配電系統最適制御技術実証事業

太陽光発電の大量導入が電力系統運用にもたらす技術的課題を解決するため、系統側、需要側に

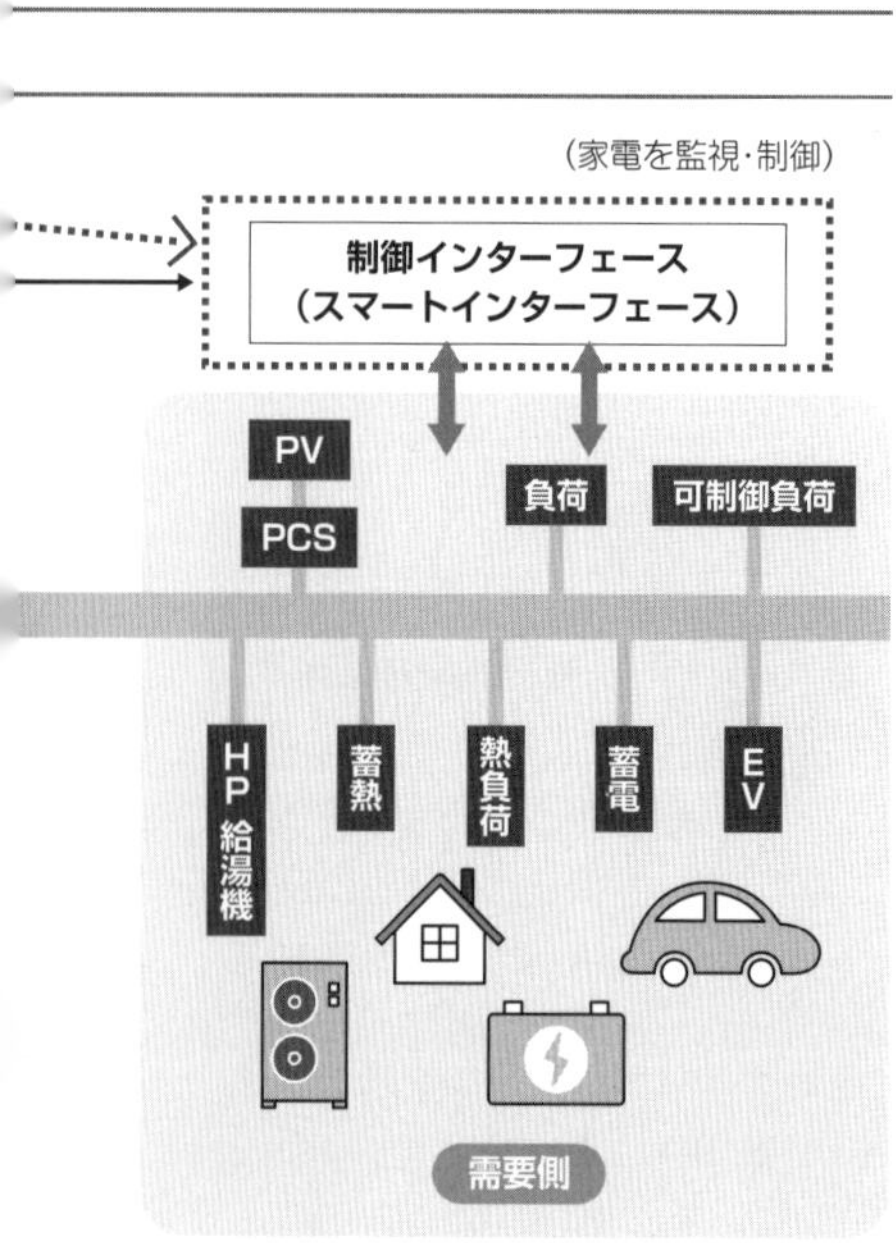

問題を整理し、研究開発に取り組んだのがこの実証試験です。2020年までの太陽光発電2800万キロワット導入という目標に向け、大規模電源から家庭までの送配電ネットワーク全体を制御する高信頼度・高品質の電力供給システムの構築を目指すものです。東京大学、東京工業大学、早稲田大学の3大学をはじめ、電力10社やメーカーなど28法人が参加するオールジャパン体制で臨みました。

系統側、需要側それぞれ2つずつ、合計4テーマで実証試験が行われました。

系統側では配電系統の電圧変動抑制技術の開発を早稲田大学が、次世代変換器技術を応用した低損失・低コストの機器開発を東京工業大学が、系統状況に応じた需要側機器の制御技術の開発と系統全体での需給計画・制御、通信インフラの検討を東京大学がリーダーとなって実施しました。

図3-2　次世代送配電系統最適制御技術実証事業の概要

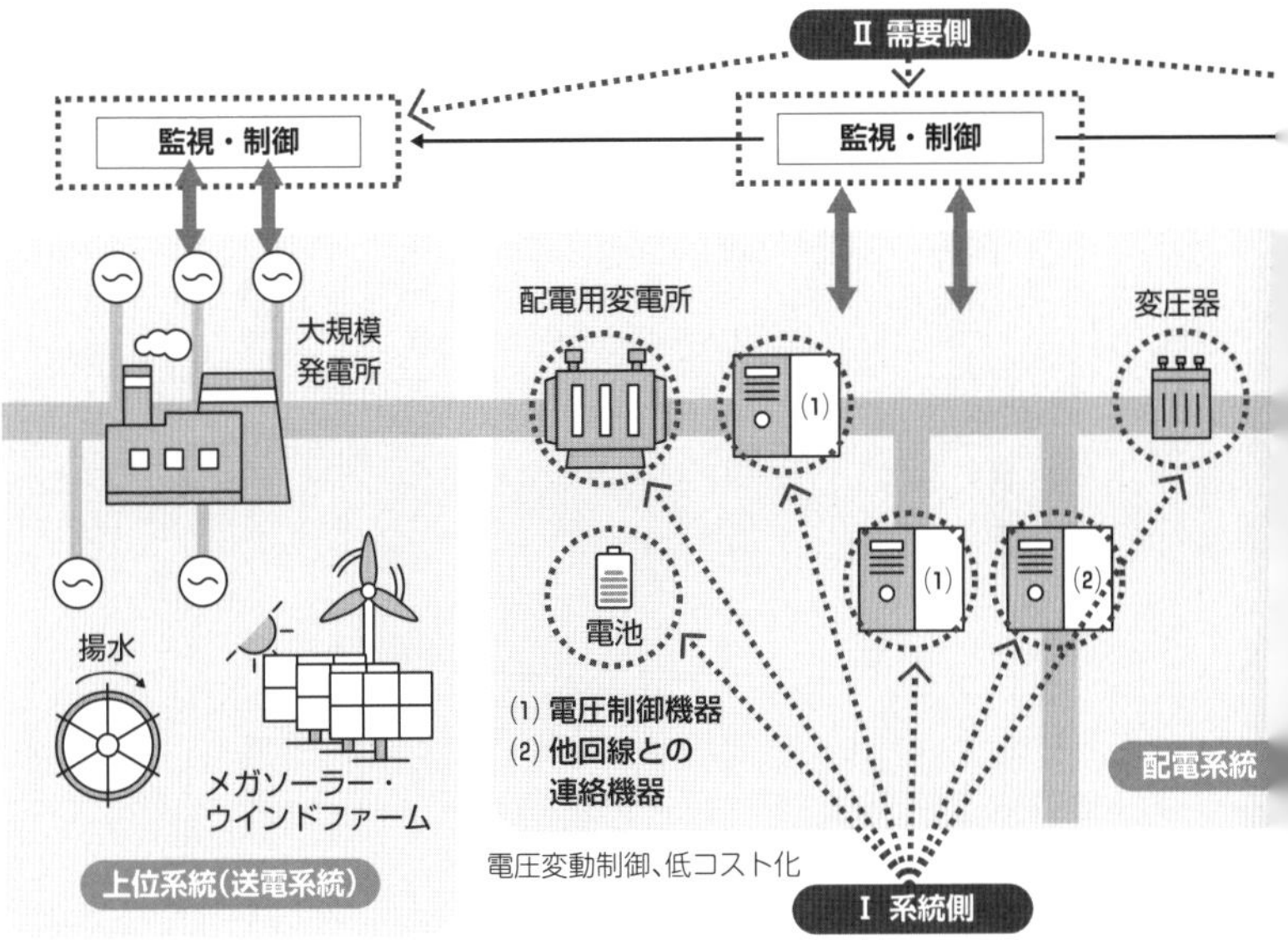

出典：東京電力資料

配電系統の電圧変動抑制技術は、太陽光発電が配電系統に設置されると逆潮流が発生し、系統内の電圧が上昇し適正値を逸脱する可能性があることから開発に取り組みました。また、その実現には柱上変圧器の分割設置や、電圧調整装置の設置が必要になるため、次世代変換器技術を応用した低損失・低コストの電圧制御機器開発にも取り組みました。

需要側では、周波数調整量不足対策、つまり太陽光発電による余剰電力の低減に向け、系統側の状況に応じ需要側を最適制御するための「スマートインターフェース」の仕様の開発や実証、太陽光発電設備や電気自動車、ヒートポンプなどの家の中の機器の最適制御方法の開発を行いました。

スマートインターフェースの開発は、東京大学の千葉・柏キャンパス内に設置した実験設備で実施しました。約3キロワットの太陽電池システム3台、ヒートポンプ給湯機3台、電気自動車1台を導入し、各機器をスマートインターフェースで制御します。電力会社やアグリゲーターなどから太陽光発電の出力を30％抑制するよう指示する信号が来た場合には、スマートインターフェースがヒートポンプ給湯機でお湯を沸かし始めたり、電気自動車への充電を開始したりして、太陽光発電の発電した電気を自家用設備で使用するよう制御します。反対に30％発電量を増加させるよう指示が来た時は、自家用設備で使用していた太陽光発電を配電ネットワークへの売電に変更し、電気自動車への充電を止めたり、ヒートポンプの湯沸しを止めたりします。これらを制御するプログラムは電力中央研究所が作成し、実証試験で動作することを確認しています。

また家の中の通信手段として、ジグビー（ZigBee）、ブルートゥース（BlueTooth）、電力線搬送（ＰＬＣ）を用い、それぞれがスマートインターフェースにつながることを確認しています。

図3-3 スマートインターフェース開発実証の概要

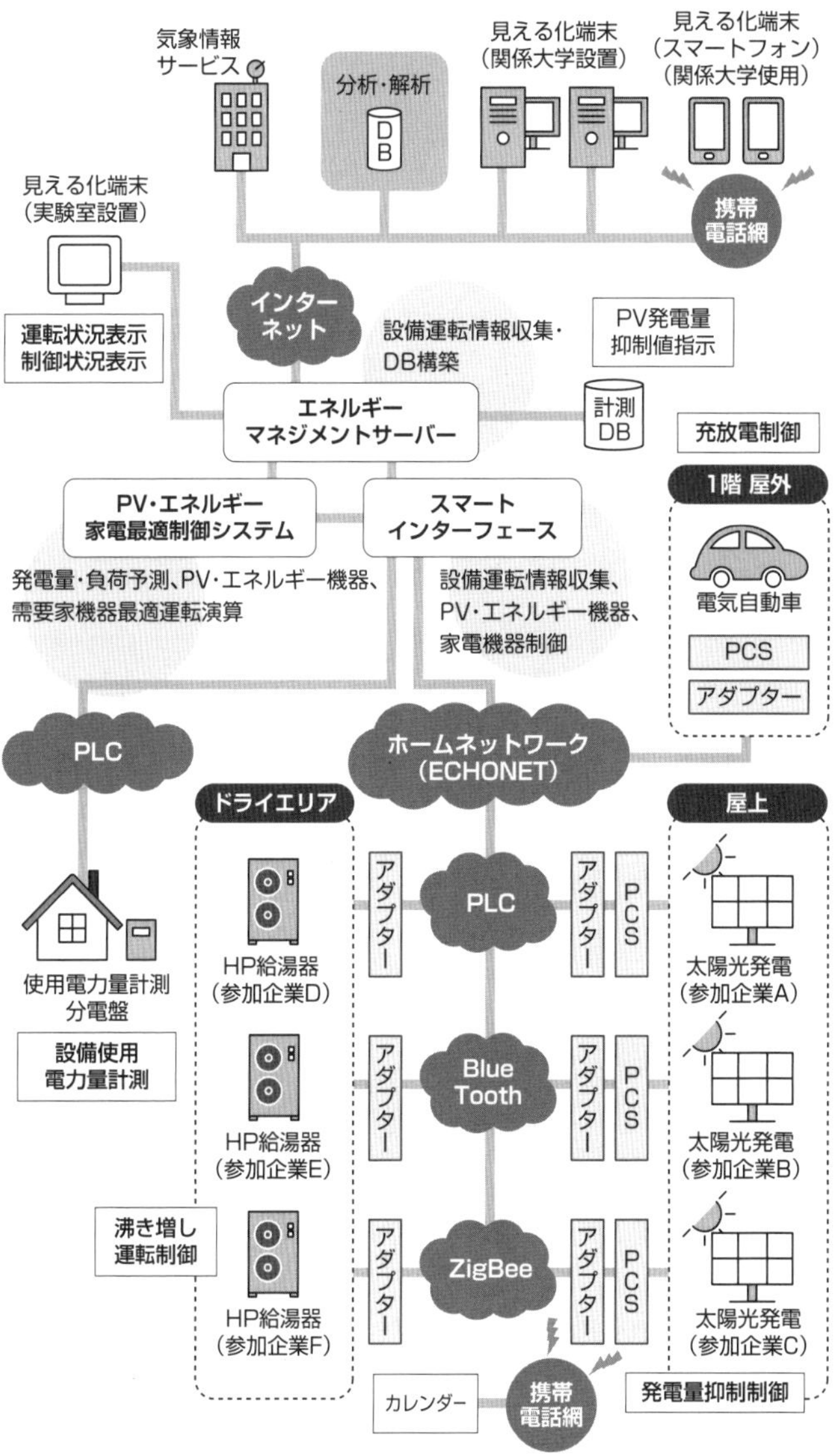

図3-4 太陽光発電30%抑制要請時の制御例

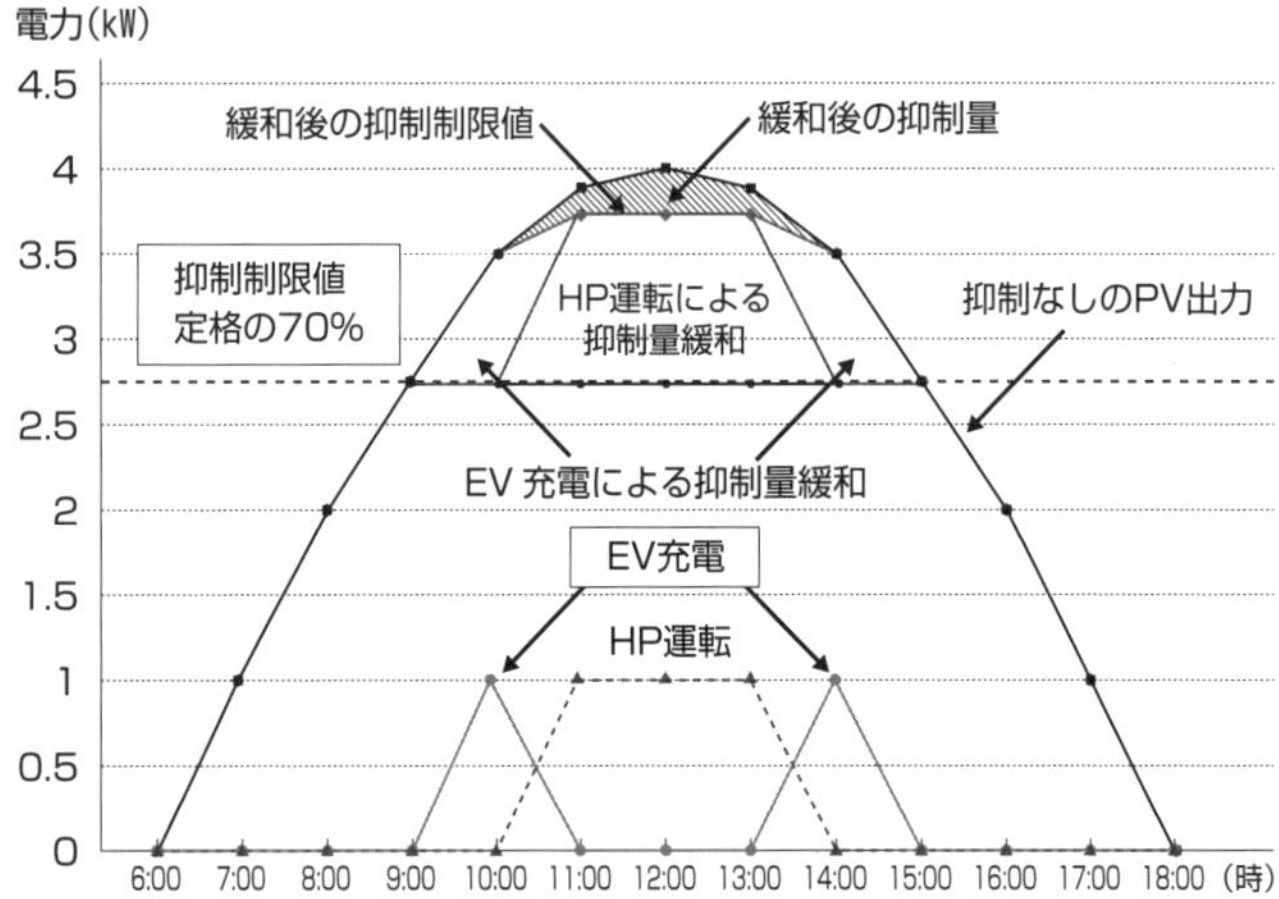

出典：2013年電気学会全国大会シンポジウム
電力需給状況に応じた需要側機器制御技術と実証実験内容の紹介―次世代送配電制御技術実証事業―

青森県六ヶ所村では、さまざまな通信手段を同時に使った太陽光発電の出力制御や情報伝送の総合的実証試験を行いました。データ送信・返信データ管理用のセンターサーバーを設置し、およそ100カ所の住宅に設置した太陽電池のパワーコントローラー（PCS）を、家の外からスマートインターフェースを通して制御する技術を確立するために実施しました。余剰電力の発生が予想されるゴールデンウイークなどの特異日における太陽光発電の出力抑制について、携帯電話や特小無線、PLC、WiMAXなどの通信回線を使って双方向通信を行いました。

さらにこれらの需要家側の通信・制御技術を考慮し、原子力発電所や火力発電所など上位系統から、配電系統、数千万軒の家までを統合制御する需給計画・制御システムの実現方法についても開発を行いました。

このシステムでは、将来、大量に導入される太陽光発電の発電量予測、それを考慮した需要予測を実施するとともに、2つの予測に基づいて、火力発電所、揚水発電所の週間発電計画を立て、余剰電力が発生する場合には、需要側のスマートインターフェースへの太陽光発電抑制信号を作成します。そして実運用中にも、天気予報に基づいて運用計画を修正します。このようにして、余剰電力を解消するとともに、火力燃料費も最小にするのです。将来、蓄電池が導入された場合には、それも最適に運用します。しかしながら、このシステムには風力発電がまだ考慮されておらず、今後の課題となっています。

③離島独立型系統新エネルギー導入実証事業

電力系統が独立している離島で太陽光発電設備などを大量に導入した場合に発生する影響を把握し、系統安定化対策を検討するのが目的です。沖縄県の宮古島をはじめ、鹿児島県の黒島、

図3-5 宮古島における実証事業の概要

電力系統に不安定電源である太陽光発電設備4MWを導入し、蓄電装置であるNAS電池4MWを使用して系統安定化対策について検証

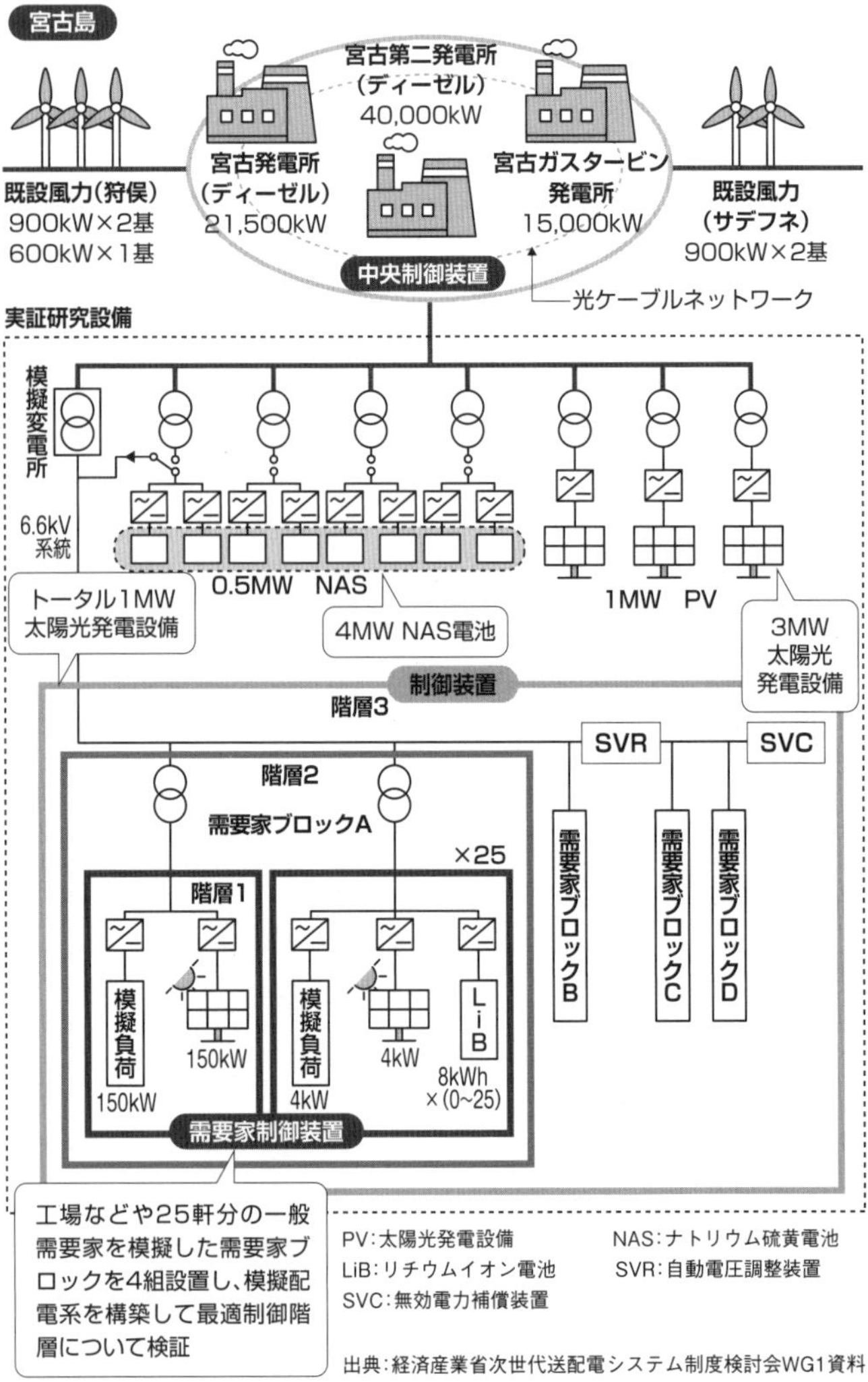

PV:太陽光発電設備　NAS:ナトリウム硫黄電池
LiB:リチウムイオン電池　SVR:自動電圧調整装置
SVC:無効電力補償装置

出典:経済産業省次世代送配電システム制度検討会WG1資料

竹島など系統規模の異なる離島に対し、太陽光発電設備や蓄電池を設置し、周波数対策などの実証試験を行いました。

小規模の離島においては、太陽光発電と蓄電池を組み合わせて制御することで、太陽光発電の出力変動を蓄電池が平準化したり、太陽光の余剰分を夜間の電灯需要に回したりといった需要シフトなどに有効に使えることを確認。最適な蓄電池容量の評価手法を開発しました。

また、離島の中でも大きな系統規模を持つ宮古島では、太陽光発電設備4000キロワット、蓄電装置であるナトリウム硫黄（NAS）電池も4000キロワットを導入。既設のディーゼル発電機やガスタービン発電所、風力発電も含めて連系した模擬の配電設備を用いて、最適制御について検証しました。ここでは実際の負荷は使わず、コンピューター制御の模擬負荷を作って実験しました。この実験は大規模な電力ネットワークにも適用できる技術です。2013年度に終了していますが、現在は民間レベルで、第2フェーズの実験を継続して行っています。

この宮古島での実証試験では、まず、既設のディーゼル発電機と系統側蓄電池であるNAS電池を協調して制御することで、太陽光発電による周波数変動をより抑制することができることを確認しました。また、蓄電池のみで制御するよりも、協調したほうが周波数変動抑制のための蓄電池容量が削減できることが分かりました。

次に、太陽光発電が大量に接続され、その出力が既設発電所の下げ代を上回る程度までになった場合、太陽光発電を抑制しつつ、余剰電力を蓄電池に充電するような制御を、系統側蓄電池であるNAS電池や需要家側のリチウムイオン電池を用いてどのように行うのかについて実験を行いました。その結果、需要家側の蓄電池をローカル制御所から制御するよりも、系統側電池を中央制御所から集中制御する方が太陽光発電の抑制量が少なくなることが分かりました。これは、分散している多数の需要家蓄電池の制御が難しいことを示しています。

①から③までの研究開発は、新しい機器を開発するというより、さまざまな機器や通信技術を組み合わせて統合制御することが主目的です。そもそもスマートグリッドは双方向通信による機器の制御技術なのです。そして、これらの研究課題は、一部を除き、2013年度までに終了しました。

図3-6 スマートコミュニティーの構成要素

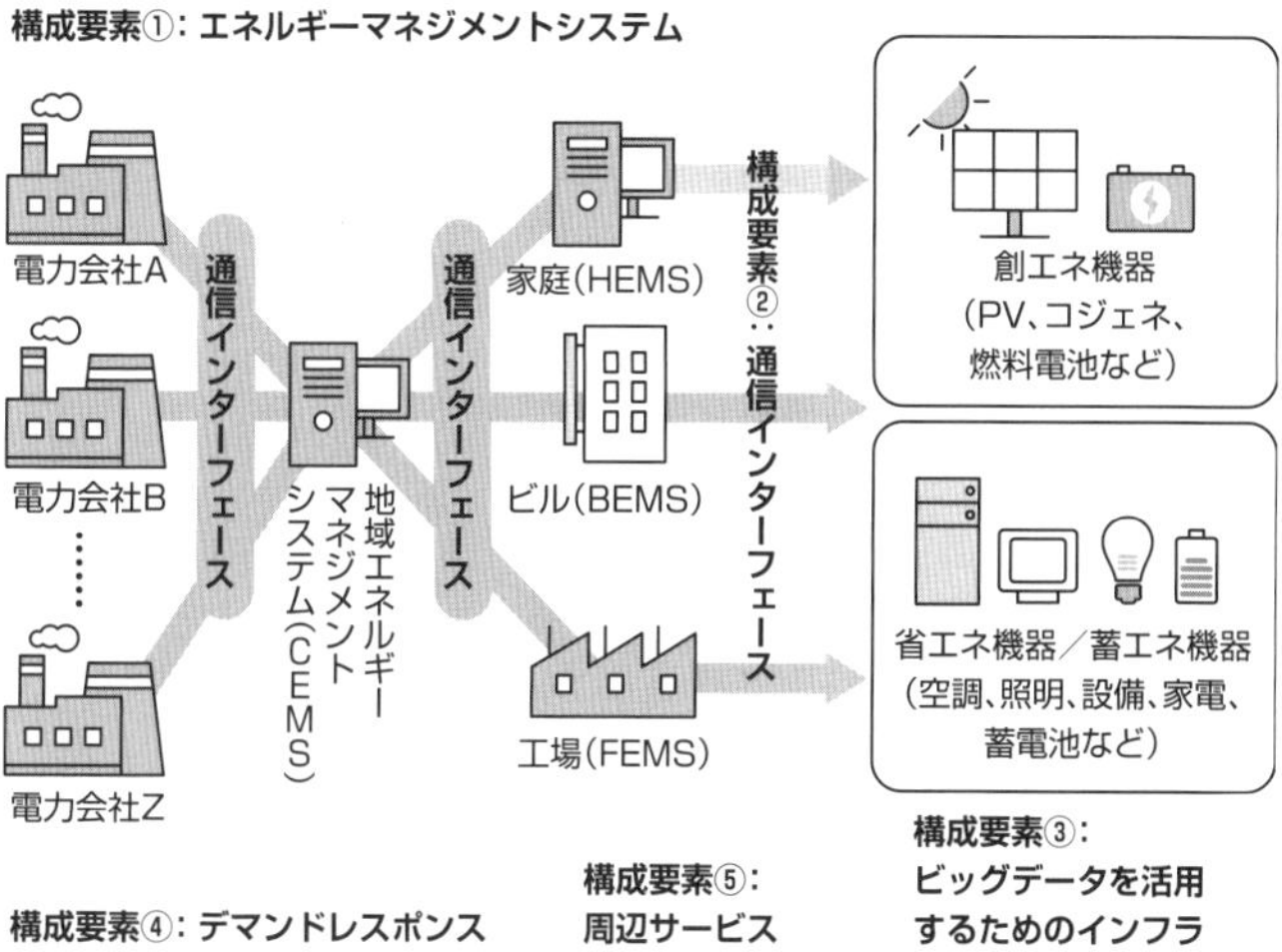

出典：経済産業省次世代エネルギー・社会システム協議会資料

2. 広義のスマートグリッド

❖4地域実証が目指すスマートコミュニティー

2010年度から全国4都市で始まった次世代エネルギー・社会システム地域実証、いわゆる4地域実証は、スマートコミュニティー（スマートシティーともいう）を実現するための実証試験です。4地域とは横浜市、豊田市、けいはんな学研都市（京都府）、北九州市。これらの都市が、2014年度までの5年計画で、スマートグリッドを組み込んだスマートコミュニティーを実際に構築する際に必要となる要素やビジネスモデルなどの基盤を確立するための実証試験を実施しています。

スマートシティーまたはスマートコミュニティーとは、大量の再生可能エネルギーをできるだけ地産地消する中で、市民の生活の質（ＱＯＬ）を高めながらも、環境負荷を抑え、かつ成長を続けられる、新しい都市の姿です。東日本大震災以降はレジリエント性も求められています。

４地域実証ではエネルギー使用の見える化や、家電・給湯機などの制御、エネルギーの需要に応じて、供給側から需要調整を促すデマンドレスポンス（ＤＲ）、電気自動車（ＥＶ）と家の連系、蓄電システムの最適設計、ＥＶ充電システムや交通システムなどの検討が行われています。これらを組み合わせ、地域におけるエネルギー利用の全体最適を図る地域エネルギーマネジメントシステム（ＣＥＭＳ＝Community Energy Management System）を構築しようというのが狙いです。

また東日本大震災後は全国的に電力不足に陥ったことから、各地でＤＲの実証に重点が移りました。

２０１４年４月に閣議決定されたエネルギー基本計画でも、「需要に応じて多様なエネルギー源を組み合わせた供給を行うことで、平常時は大幅な省エネを、非常時にはエネルギー供給の確保を行い生活インフラや企業などの事業の継続性を強化する」としてスマートコミュニティーに期待を示しています。

①横浜スマートシティプロジェクト（ＹＳＣＰ）

横浜市と34社、15プロジェクトが連携し、地域のエネルギーマネジメントを行うＣＥＭＳを中心に、電力系統との協調を行うために複数の蓄電池を一つの蓄電池のように制御する蓄電池ＳＣＡＤＡ（Supervisory Control and Data Accusation）、一般住宅・集合住宅世帯のエネルギーマネジメントを行うＨＥＭＳ（Home Energy Management System）、ビル向けのエネルギーマネジメントを行うＢＥＭＳ（Building Energy Management System）に加え、充放電対応ＥＶを用いたエネルギーマネジメントを組み合わせて最適制御するというプロジェクトです。商業施設や工場、集合住宅や戸建て住宅を対象にデマンドレスポンス（ＤＲ）の実証実験を続けてきました。

司令塔として中心的な役割を果たしているのがＣＥＭＳです。需要家に節電を誘導する電気料金メニューやインセンティブを提示して電力需要をコントロールします。２０１３年度には１９００世帯を対象にした国内最大のＤＲ実験を実施。ピークカットなどを計画値に近づけるＤＲの運用精度も高まってきています。

ＢＥＭＳについてはネガワット取引（節電分を取引すること）によるＤＲ配分計画を作成する機能やＤＲ対応能力の最大化機能を有する統合ＢＥＭＳを開発した結果、電力消費量が最大２２・８％削減されたそうです。また、ＨＥＭＳも電力消費量が最大１５・２％削減されたとしています。

②豊田市低炭素社会システム実証プロジェクトSmart Melit (Smart Mobility & Energy Life in Toyota City)

家庭と交通に着目し、生活者の行動動線に沿って、家庭内・移動・移動先のそれぞれの行動シーンごとに、情報通信技術やプラグインハイブリッド車（ＰＨＶ）や電気自動車（ＥＶ）、燃料電池車（ＦＣＶ）ほか次世代環境車の活用により、エネルギー利用や交通需給の最適化と統合化を図り、生活の質（ＱＯＬ）を落とさずに、無理なく快適に、生活圏全体でのエネルギーと交通の最適利用が達成されている次世代型の地方都市型低炭素社会システムの構築を目指すものです。また工業団地において、熱と電気の共有・面的利用と需給両面での最適化システムを組み合わせることにより、工業団地における低炭素社会システムとしてモデル化し、国内外への横展開・普及していくことを最終的な目標としています。

省エネや系統負荷軽減、グリーン電力の有効活用など、生活者の低炭素化寄与行動に対し、エコポイントなど各種インセンティブを付与することによる生活者の行動変化および、そのインパクトの大きさを検証しています。

家庭向けには、翌日の電気料金を表示して、プラグインハイブリッド車の充電を指定時刻にすることでポイントを得られるようにしたり、コミュニティーの電力需給状況に合わせて、太陽光発電から電力ネットワークへの逆潮流や、自動車の蓄電池に充電した電気を家庭で使うなどの行動を促したりなど、省エネに寄与する機器利用方法の提案も行います。また家庭ではエアコンや照明などの自動ＤＲ実証も行われています。このほか、交通情報の提供による行動変化などについても検証しています。

③けいはんな次世代エネルギー・社会システム実証プロジェクト

関西文化学術研究都市、愛称けいはんな学研都市は、京都・大阪・奈良にまたがる国際研究開発拠点です。ここでもスマートシティーに関する実証実験が行われました。地域ＥＭＳ（ＣＥＭＳ）を構築し、家庭、運輸、ビル管理部門などと統合した実証試験を行っています。

既設家屋の電気使用量の見える化や、スマートメーターを設置した約７００世帯でのデマンドレスポンス実証、太陽光発電と蓄電池を組み合わせたＨＥＭＳ実証も行いました。さらにＥＶ１００台を用いたＥＶ充電管理システムでは充電電力のピークカットやピークシフト効果を検証したりしました。

ＤＲ実証では、「翌日見える化」「翌日見える化・お知らせ付き」「即日見える化・時間帯別料金・ピーク時変動料金」――などに分け、さらに省エネコンサルタントのあり・なしを加えて、その効果を実証しました。それによれば、見える化の効果は大きいとしていますし、価格誘導型ＤＲの効果も価格が高くなるに従って高くなるとする一方で、行動に変化がなく節電行動としては変わらなかったという人もいたようです。ただし価格誘導型ＤＲを実施している人に、省エネコンサルティングを行うと、需要抑制効果が高いという結果が報告されています。

④北九州スマートコミュニティ創造事業

新日鉄住金の工場跡地、北九州市八幡東区東田地区は、東田地区にあるコージェネレーションシステムから新日鉄の自営線で電気が供給されている地域です。ここで実施されているスマートグリッドプロジェクトのポイントは4つあります。

第1のポイントは「新エネルギー等10％街区」。1000キロワットの太陽光発電設備や小型風力発電のほか、工場からの副生水素を燃料電池に使ったり、工場の低温排熱を活用したバイナリー発電（温度の低い蒸気や温水で発電する方式）を導入したりして、同地域の約2万キロワットの10％に当たる2000キロワット程度をこれらの電源で賄うという取り組みです。

第2のポイントは住宅やオフィスなどへの省エネシステム導入と、地域全体の「地域節電所」との連携による最適化をあげています。

第3のポイントは地域節電所の構築です。これは地域エネルギーマネジメントシステムのことで、他地域ではCEMSと呼ばれています。これにより地域全体のエネルギーの最小化を目指しています。地域節電所は、新日鉄のコージェネレーションシステムと、先ほどの地域に設置した再生可能エネルギー、そして家庭や企業の需要家側への情報提供を通して電気使用の調整を働きかけることにより、再生可能エネルギーの変動などを吸収し、バランスを取る試みをしています。

また、地域のエネルギー需給状況に応じて電気料金を変動させる「ダイナミックプライシング」制度を導入。2時間後の電気料金を示す試みも行われ、こうした取り組みによる節電効果やピークカット効果などを検証しています。それによると住民向けではダイナミックプライシングによるDRにより、約20％のピークカット効果が出たとしていますが、省エネルギー効果はなかったようです。また、事業所向けでは省エネ効果があったものの、ピークカット効果については蓄電池の有無などの条件により効果に差が出ることがわかっています。

第4のポイントは次世代交通システムの実証です。EV、プラグインハイブリッド車（PHV）の導入をはじめ、燃料電池電気自動車（FCV）なども用い、再生可能エネルギーからEVへの充電や、FCVから家庭への給電なども実証しています。

❖スマートコミュニティーの要 ×EMS

2011年度からは4地域実証の知見をもとにしたスマートコミュニティー構築のマスター

プラン策定が行われています。初年度の2011年度は東北8地域が対象でした。この中には、トヨタ自動車が宮城県の自社工場のある工業団地で始めたスマートコミュニティー事業「F-グリッド」もあります。

現在、さまざまな地域でスマートコミュニティー構想や導入促進事業などが実施されていますが、2010年度から本格的に始まった4地域実証はこれらスマートコミュニティーの基盤事業として位置づけられています。

こうした実証結果を踏まえ、今後、スマートコミュニティーをどうビジネス展開し、構築を促進していくかが課題となっています。現在はビジネス展開のスタート地点に立っているといえるでしょう。

では4地域実証で検証されているエネルギーマネジメントシステム（xEMS）の内容を見てみましょう。地域を統合制御する地域エネルギーマネジメントシステム（CEMS）が各実証地点で構築されていますが、そのほか、家庭用エネルギーマネジメントシステム（HEMS）、ビルエネルギーマネジメントシステム（BEMS）、ファクトリーエネルギーマネジメントシス

表3-1　4地域実証におけるCEMSの特徴

	単一部門(家庭)のみの制御	複数部門の総合制御
系統依存度が高い	**住宅団地型（けいはんな）** 住宅約700戸などを対象とし、系統の状況に応じて需要サイドで追従を行う実証を実施。また、家庭部門のより一層の省エネに向けた電力会社による省エネコンサルを実施（関西電力・三菱電機・三菱重工） 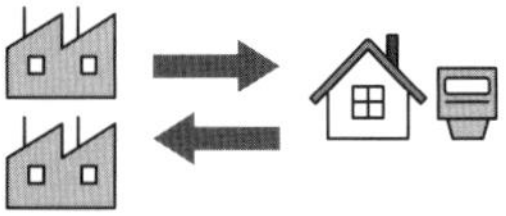	**広域大都市型（横浜市）** 住宅約4,000戸、大規模ビルなど約10棟を対象とした大規模な実証。また、大型蓄電池などを統合的に管理することで、仮想的に大規模発電所と見立てる実証を実施（東芝・東京電力） 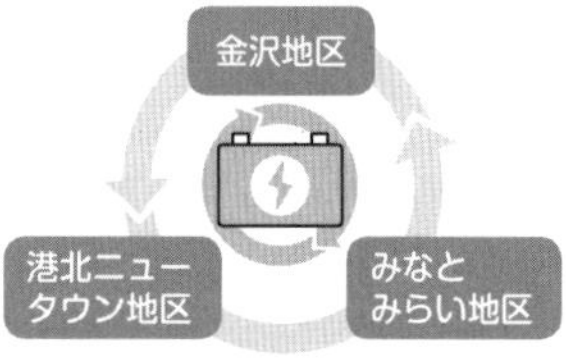
系統依存度が低い	**戸別住宅型（豊田市）** 創エネ、蓄エネ機器を導入した67戸の新築住宅を中心とし、バーチャルに地産地消を行う実証を実施。また、暮らしの中における次世代自動車を含む次世代交通システムを実証（トヨタ自動車・中部電力） 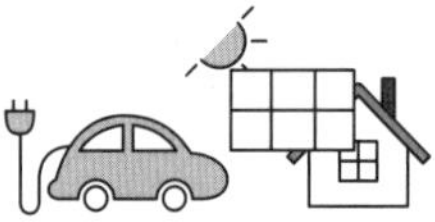	**地方中核都市型（北九州市）** 新日鉄住金の特定供給エリアで実証。コジェネをベースロード電源と見立て、地域内の全ての需要家180戸にスマートメーターを設置し、需給状況に応じて電力料金を変動させるダイナミックプライシングを実施（富士電機・新日鉄住金） 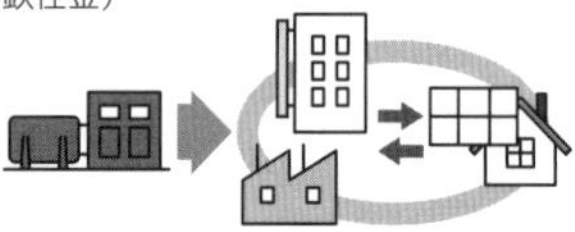

出典：経済産業省次世代エネルギー・社会システム協議会資料

テム（FEMS）についても構築し、これらが連携してDRなどに取り組んでいます。

エネルギーマネジメントは、エネルギー需要に合わせて供給を行うだけではなく、エネルギーの供給状況に応じて消費パターンを変化させるために必要不可欠なシステムです。地域や家庭、ビルなどの需要側の各部門に導入されたEMSが階層的につながって、連携して需要を調整することが想定されています。

①CEMS

地域エネルギーマネジメントシステム（CEMS）は、地域ごとの需要特性や既存の系統への依存度に応じて構築されます。4地域実証では、系統依存度の強弱、制御対象も家庭のみ、複数部門の場合とそれぞれの特徴に合わせて異なるパターンで検証が行われています。

DRの発動指令の受け手の役割も果たすことができるCEMSですが、本格的な事業展開に当たっては、誰がCEMSを設置するのかは現在のところ明確ではありません。自治体や小売り事業者、またはDR事業者、マンション事業者などが考えられますが、むしろ、さまざまな形があってていいのかもしれません。

②HEMS

HEMSは家庭内の電気使用量をコントロールする司令塔の役割を果たすもので、4地域実証では見える化の機器が導入されDR実証に使用されました。また太陽光発電の自家消費率向上へ向けた蓄電池や電気自動車への充電、ヒートポンプ給湯機での給湯制御などのほか、エアコンなどの自動制御も行われています。

表3-2 4地域実証におけるHEMSの特徴

	創エネ	蓄エネ	省エネ
家庭内	**熱電併給** エネファームによる熱電併給（豊田：東邦ガス）	**自家消費率向上** 蓄電池、PHVによるPV電力の蓄電、HPによる蓄熱（豊田：デンソー） **蓄電池最適制御** 需要予測、PVなど発電予測による蓄電池の最適制御（横浜：東京ガス、豊田：デンソー、けいはんな：オムロン、北九州：積水化学）	**手動制御** 見える化、リコメンドによるピークカット、省エネ（横浜：東芝など、豊田：デンソー、シャープなど、けいはんな：オムロン、北九州：積水化学） **自動制御** デマンドレスポンスに対応した自動制御（横浜：東芝、豊田：デンソー、北九州：積水化学）
複数住宅	**電気・熱の住戸間融通** PVによる電気、エネファームによる熱を住戸間で融通（横浜：東京ガス）	**共有蓄電池** タウン共有蓄電池に各家庭のPV余剰電力を蓄電（北九州：積水化学）	**PV電力住戸間融通** タウン単位でのエネルギーマネジメントによるPV電力の住戸間融通（北九州：積水化学）

出典：経済産業省次世代エネルギー・社会システム協議会資料

実際に、太陽光発電を設置している新築住宅などではHEMSの事業展開が始まっています。スマートメーターの普及に伴い、既設住宅への導入も進むと考えられます。スマートメーターからは家庭内に30分ごとの使用量データが送信されることになっているので、これをHEMSで受け、使用量を見える化するとともに、インターネットなどから入手する電気料金などの情報で家電を自動制御するなどのサービスも考えられます。HEMS側が自動制御するなどの本格的に事業展開する企業も登場するでしょう。

③ BEMS

従来から高圧以上を中心として導入されてきたＢＥＭＳですが、今後は小口高圧も含めてＤＲ機能や再生可能エネルギー、蓄電池を複合的に管理する機能を搭載する高機能ＢＥＭＳを２０１５～２０２０年度に順次本格展開して行くことが想定されています。

市場自体は既に導入されている高圧が大きな市場のため、大きく伸びることは想定されませんが、電力システム改革の進展によってＤＲによる施主側の収益源が増えるという可能性もあり、今後のさらなる普及、高機能化が期待されています。

④ FEMS

一般的に、工場ではエネルギー管理が徹底されているため、既にＦＥＭＳのようなシステムを導入しているケースが多いと考えられますが、今後、スマートコミュニティーの取り組みが進むことで、デマンドレスポンス（ＤＲ）に対応して蓄電池や空調・照明などを最適に制御したり、生産計画の見直しを行ったりする高機能ＦＥＭＳが期待されています。４地域実証でも横浜と北九州で取り組まれています。東北復興事業であるスマートコミュニティー導入促進事業でも取り組みが行われています。

ただ、生産計画の見直し機能によって行うピークシフトは、納期などの制約があるので難しいと考えられます。納期をも担保した生産計画が立案できるような機能高度化ができるのかどうか。これは電力システム改革後の電力市場などの様相にも影響されるでしょう。

❖CEMSを組み合わせたF–グリッド

4地域実証のCEMS設計などの成果を活用して東北地方で実施されたスマートコミュニティー導入促進8事業のうち、宮城県大衡村で実施されたF–グリッド構想は、FEMSをさらに高度に地域の電力ネットワークに活用する点でユニークな取り組みです。

第二仙台北部中核工業団地がある大衡村にはトヨタ自動車などの工場があります。ここにそれぞれFEMSを導入するとともに、コージェネレーション設備や太陽光などの発電設備、蓄電池やプラグインハイブリッド自動車（PHV）を活用し、マイクログリッドを形成します。工業団地のCEMSであるF–グリッドセンターが東北電力から電気を一括受電します。一方、大衡村には別途、民間部門用のCEMSを設置します。非常時になるとF–グリッドセンターか

図3-7　F-グリッドシステムの概要

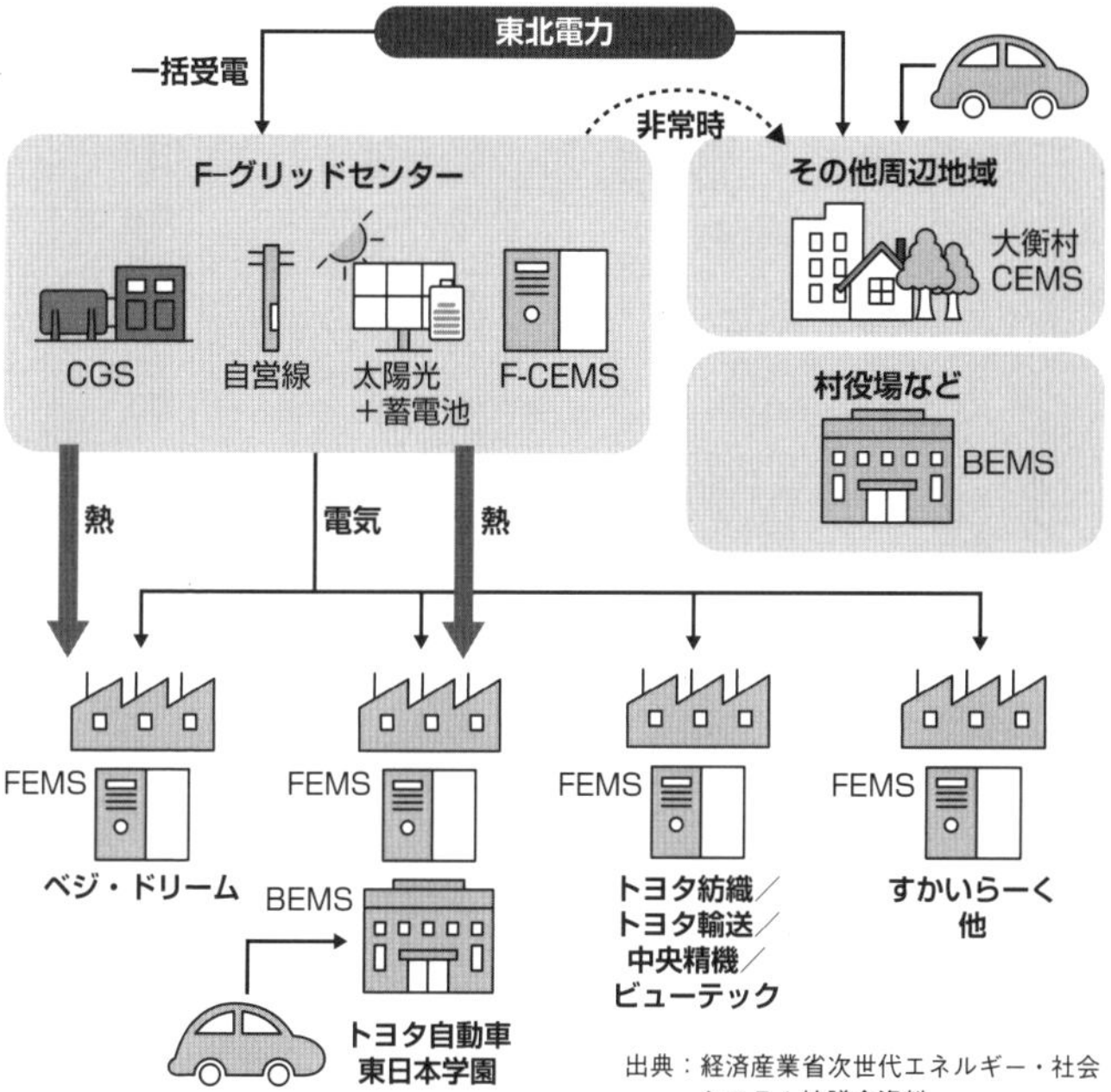

出典：経済産業省次世代エネルギー・社会システム協議会資料

ら東北電力のネットワークを経由して大衡村のCEMSに電気を供給。防災拠点となる大衡村役場や避難所などに電気を供給します。また役場や避難所となる公民館などにも蓄電池や太陽光発電などを設置しています。

工場用と民間用を分けてそれぞれの取り組みを行うとともに、非常時には地域として連携するという形は、東日本大震災後の防災対策としてのスマートグリッドにおける好事例といえるでしょう。

表3-3　4地域実証におけるDR制御手法の違い

		制御手法		
		電気料金の表示	電気料金の表示 ＋リコメンド (省エネコンサル)	電気料金の表示 ＋自動制御
料金メニューによる効果	TOU※1	けいはんな	けいはんな 省エネコンサル	横浜 エアコン
	CPP※2	北九州 料金変動 その他3地域 ポイント与奪	豊田 Webポータル、スマートフォン、フォトフレームで節電行動アドバイス けいはんな 省エネコンサル	横浜 エアコン 豊田 エアコン、照明、TV
	RTP※3	豊田 Webポータル、スマートフォン、フォトフレームで地域内ランキング、電気料金など表示	豊田 Webポータル、スマートフォン、フォトフレームで節電行動アドバイス	豊田 蓄電池、PHV
	PTR※4	未実施		

※1　TOU(Time of Use)：時間帯別料金（時間帯に応じて異なる料金を課すもの）
※2　CPP(Critical Peak Pricing)：ピーク別料金（需給が逼迫しそうな場合に、事前通知をした上で変動された高い料金を課すもの）
※3　RTP(Real Time Pricing)：リアルタイム料金（需給バランスに刻一刻と対応して料金が変動するもの）
※4　PTR(Peak Time Rebate：ピーク帯リベート（需給が逼迫しそうな場合に、事前通知をした上で削減量に対して節電報酬を支払うもの）

出典：経済産業省次世代エネルギー・社会システム協議会資料

❖デマンドレスポンスの効果

このほか、4地域実証でDR実験も行われました。

4地域実証では、DRの定量的効果を把握するため、幅広い住民の参画を得て、主に電気料金型DRの実証が行われました。それによれば、電力需要のピーク時間帯の電気料金を値上げし、それを提示することで住民の節電を促すことにより、20％前後のピークカット効果があったという結果が得られています。また、豊田市や

表3-4 北九州市、けいはんなで実施した電気料金型DRの効果

北九州市

2012年度実証結果（サンプル数：180） / 2013年度実証結果（サンプル数：178）

	2012年度夏（6月～9月）	2012年度冬（12月～2月）	2013年度夏（6月～9月）
電気料金※1	ピークカット効果	ピークカット効果	ピークカット効果
TOU	―※3	―※3	―※3
CPP＝50円	-18.1%	-19.3%	-20.2%
CPP＝75円	-18.7%	-19.8%	-19.2%
CPP＝100円	-21.7%	-18.1%	-18.8%
CPP＝150円	-22.2%	-21.1%	-19.2%

けいはんな

2012年度実証結果（サンプル数：681） / 2013年度実証結果（サンプル数：635）

	2012年度夏（7月～9月）	2012年度冬（12月～2月）	2013年度夏（7月～9月）
電気料金※2	ピークカット効果	ピークカット効果	ピークカット効果
TOU（20円上乗せ）	-5.9%	-12.2%	-15.7%
CPP（40円上乗せ）	-15.0%	-20.1%	-21.1%
CPP（60円上乗せ）	-17.2%	-18.3%	-20.7%
CPP（80円上乗せ）	-18.4%	-20.2%	-21.2%

※1 北九州市実証では、夏季のピーク時間帯は午後1時～5時、冬季のピーク時間帯は午前8時～10時、午後6時～8時

※2 けいはんな実証では、夏季のピーク時間帯は午後1時～4時、冬季のピーク時間帯は午後6時～9時

※3 北九州市実証の被験者は、既にTOU契約に加入している180世帯であったため、TOUの効果を比較検証することができなかった

出所：京都大学大学院依田教授、政策研究大学院大学田中准教授及びスタンフォード大学経済政策研究所伊藤研究員による統計的検証結果

出典：経済産業省次世代エネルギー・社会システム協議会資料

北九州での実証事業では、自動制御のＤＲも実施されています。

また、蓄電池を使ったりしながら、住宅の太陽光発電の電気を融通する実験も行われていました。

3．今後の研究開発予定

日本におけるスマートグリッド技術の開発は現在、完成までの工程のうち3分の2くらいまで来ているといえるでしょう。富士山でいえば7合目です。２０１４年度以降は、系統側、需要側両面に残された3分の1の技術開発に取り組みます。

系統側 風力予測を精緻化し、実際の需要を使って実証

２０１４年度から始まる新たな国のプロジェクト「電力系統出力変動対応技術研究開発」は、5年間の予定で、系統側に残る問題を解決することを目指します。気象状況などを踏まえた再生可能エネルギーの「予測・把握」、風力発電設備の制御を含めた出力変動の「制御・抑制」、お

図3-8　電力系統出力変動対応技術研究開発の概要

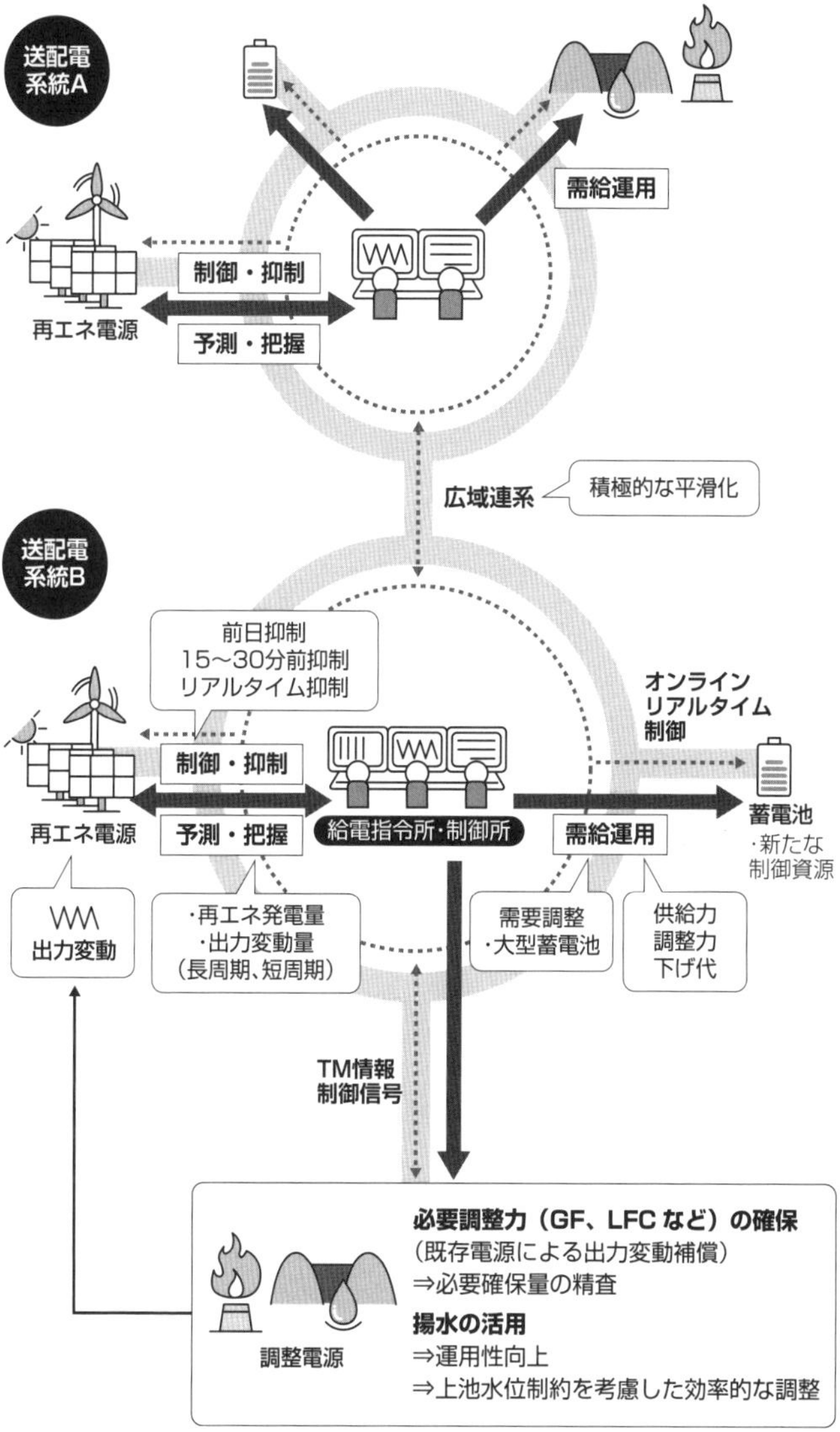

よび発電設備や蓄電池を用いた効果的な「需給運用」の3つの視点を総合的に組み合わせることで、再生可能エネルギーの連系拡大を目指します。

具体的には、①風力発電予測・制御高度化、②予測技術系統運用シミュレーション、③離島実証試験の3つの研究開発を実施する予定です。

①風力発電量予測

再生可能エネルギーの発電量予測は、長期間研究されてきています。太陽光発電については、2014年度までに実施された国家プロジェクトのうち、先に述べました狭義のスマートグリッドの実証試験などで、需給運用への適用を含めて、かなりの成果が出ています。2014年度からの風力発電の予測プロジェクトも従来の変動予測をさらに精緻化するために実施するものです。

風力発電では「ランプ（Ramp）」と呼ばれる急激かつ大規模な変動があります。東北電力のエリア内で観測されたランプの変動では、5分間に5万3000キロワットも出力が増加したことがありました。こうした変化があると需給運用、ひいては系統の安定性に大きな影響を与えてしまいます。ですからランプの予測精度を向上することは、系統運用の安定化を図ることになります。

出力急変が発生する原因としては、低気圧の通過などによる風速の急増・急減によるものや、強風が吹いた際の風車の自動停止と停止からの再起動があります。

そこで、気象学からランプ現象の発生要因を解析し、ランプ予測技術を開発するとともに、出力変動緩和策によって電力系統への影響を低減したり、ランプ予測技術を活用した風車制御や蓄エネルギー制御を行ったりすることで、変動電源である再生可能エネルギー電源を計画電源に近づけることを目指します。

研究開発に当たっては、気象予測データにより発電量や出力変動を検討する「予測・把握」、調整に必要な蓄電池容量の精査やその蓄電池の効率的活用を検討する「需給運用」、最小限の蓄電容量を活用し系統への影響を最小化する手法を開発する「制御・抑制」――の3項目を実施する予定です。

②予測技術系統運用シミュレーション

予測技術系統運用シミュレーションは、太陽光や風力の変動予測と、火力発電などの他電源や、揚水発電、大規模蓄電池の効果的運用などを組み合わせ、経済性と信頼性の観点から、最適な系統運用が可能になるような系統運用技術開発を行うものです。

2030年ごろには、再生可能エネルギーが電力ネットワークに大量導入されることになっています。その条件下でも電力の安定供給を維持するために、余剰電力の発生や周波数調整力の不足などの技術的課題と、その解決策を明らかにするのが狙いです。具体的には、ランプ予測技術、太陽光と風力の出力変動制御技術、調整電源の最適運用手法などを総合的に組み合わせた需給・制御システムの開発を行います。

そして、このシミュレーションの検証が離島で実施する実証試験になります。

③離島実証試験

東京都新島を舞台に、実際の系統に再生可能エネルギーや蓄電池を接続し、需要に応じて発電機を制御したり、太陽光発電を止めたり、蓄電池に電気を貯めて運用するという実証を行います。これまで九州や沖縄地方の離島で蓄電池の最適制御や、蓄電池と組み合わせた制御方法などについて技術開発が行われてきましたが、本物の需要家をつないだ電力ネットワークで発電機や蓄電池などを制御したわけではありませんでした。

今回はこれまでに開発したシミュレーション技術を、再生可能エネルギー、蓄電池などを配備した新島の実際の電力ネットワーク上で実証することになります。

この実証試験が終了すれば、本格的に再生可能エネルギー、蓄電池、従来型発電所を最適制御したスマートグリッド技術が、電力ネットワークに実装される時代を迎えることになります。

需用家側 確実なDR効果を目指すインセンティブ型DR実証

需要家側の研究開発として、2013年度からインセンティブ型DR実証がスタートしています。

これまで4地域実証で実施してきたDRは、主に個人を対象に電気料金を変動させることでピークシフト効果がどの程度得られるかを探るものでした。

今回のインセンティブ型DR実証試験では電力会社と企業やビルなどを束ねて需要制御する

図3-9　インセンティブ型デマンドレスポンスのイメージ

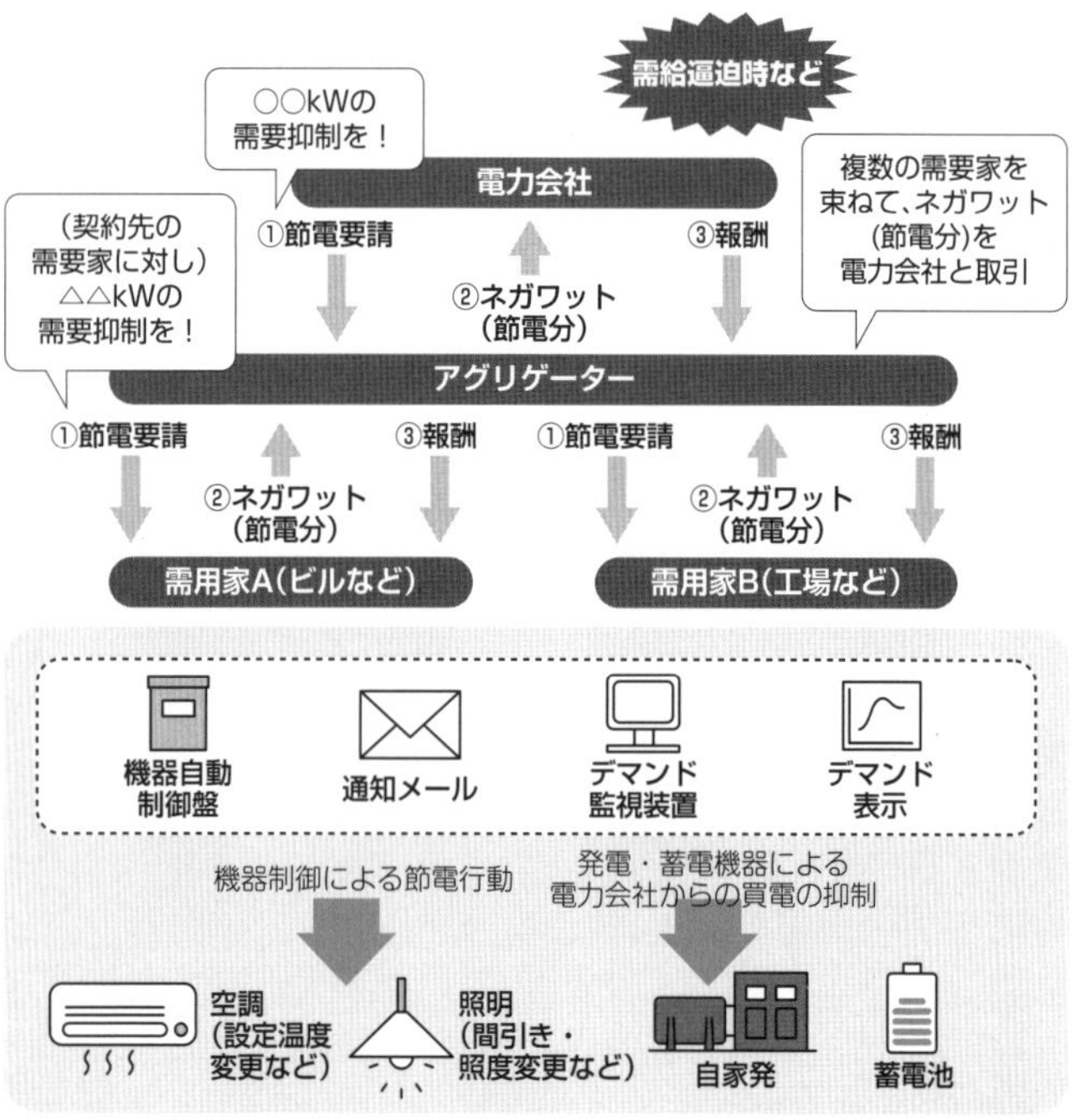

出典：経済産業省資料

事業者「アグリゲーター」が契約を結び、インセンティブ(対価)を支払うというビジネスモデルを検証するものです。アグリゲーターは複数の工場や事業所などの需要家を束ね、報酬の支払いなどによって電力の消費パターンを変更させ、電力会社との間で需要抑制量を取引します。こうした取引を「ネガワット取引」ともいいます。

　この実証試験では、具体的にはデマンドレスポンス発動

表3-5　インセンティブ型DR実証の実施内容

エネルギーマネジメントの手法		制御対象として想定される設備：業務・商業用施設 ※照明、空調にかかる電力消費を制御	制御対象として想定される設備：産業施設 ※製造工程にかかる電力消費を制御	想定される反応時間	想定される需要抑制の発生頻度
電力消費量の制御	照明・空調の消費抑制 ※需要家サイドにEMSを導入して、アグリゲーターからの指令を受けてEMSで負荷制御するケース	エナリス、日立、エナノック・ジャパン（丸紅）、東芝	エナノック・ジャパン（丸紅）、シュナイダーエレクトリック（双日）、グローバル・エンジニアリング	数十分～数時間	低
分散電源の活用	自家発電活用 ※需要家サイドに設置した自家発電で対応するケース	エナリス、日立、東芝	グローバル・エンジニアリング	数秒～数時間	低～高
分散電源の活用	蓄電池活用 ※需要家サイドに設置した蓄電池で対応するケース	エナリス、東芝	グローバル・エンジニアリング	数秒～数時間	低～高
分散電源の活用	蓄熱槽活用 ※需要家サイドに設置した蓄熱槽で対応するケース	東芝	グローバル・エンジニアリング	数秒～数時間	低～高

出典：経済産業省次世代エネルギー・社会システム協議会資料

依頼から実際の需要削減までにかかる時間や削減可能な需要量などを把握し、需給調整に時間的な余裕のある供給予備力の代替としての活用可能性、短時間での需給調整が求められるアンシラリーとしての活用可能性などの検証を行うのが狙いです。DRの効果が、どこまで実際に電力ネットワークの安定化に繋がるのかを検証することになります。

内容は表3-5の通りです。

6つの実証試験が用意されて

おり、これらすべてに東京電力が参加します。6つあるので6実証と呼ばれています。

4地域実証で実施したDRは、主に、電力需給の状況や電気料金情報を提供し、その情報から人が判断して節電するというものでした。しかし、実際に系統運用でDRを活用しようという場合、間接的な削減を期待するよりも、機器に直接信号を送り制御したほうが確実です。

例えば、あらかじめ電気料金がある水準以上になったらエアコンの設定温度を上げる、何分間止めていいなどと条件をHEMSに設定しておき、電力会社からの信号で実行するようにしていれば、需給バランスの安定化に確実に貢献できます。人間が判断するとどうしても慣れてしまったり、飽きてしまったりするので、機械的に自動的に実行できたほうが確実です。系統側から直接制御する自動デマンドレスポンス（ADR）のほうが、確実性は高くなります。

ADRを実施する場合、電力会社と需要家の直接契約のほか、電力会社からの信号を受けたアグリゲーターが、顧客である需要家の消費量を減少させ、それを取引するという方法が考えられます。インセンティブ型DRの6実証では、ADRが用いられ、数秒から数時間といった幅広い範囲におけるDRのビジネスモデルを確認することになっています。

❖ 通信インターフェース標準化への取り組み

ＤＲを実施するには、通信インターフェースの確立は重要な課題です。これまでにＨＥＭＳと家庭内機器との間の通信プロトコルについては、エコーネット・ライト推奨とされ、２０１３年10月には国際標準にも採用されました。日本では米国の通信規格も使えるようにする動きもあります。

また複数の蓄電池間の制御についても、４地域実証のうち横浜のプロジェクトで蓄電池ＳＣＡＤＡの実証が行われました。その成果をもとに、現在、インターフェースについて国際規格化を目指して国際電気標準会議（ＩＥＣ）に提案中です。

電力会社とアグリゲーター間の通信インターフェースの確立も重要になります。特に緊急時にＤＲを実施する場合は、電話やメールで通知するのではなく、システムにより自動でＤＲを指示する信号を伝達する必要があります。ＡＤＲを実施する場合は中央給電指令所がＤＲ発動依頼を行うと、自動的にアグリゲーターや需要家に信号が行き、さらに自動的にビルや家庭、工場へとその信号が発動される必要があります。

ADRを実施するためのインターフェースとして、現在、米国規格のオープンADR（OpenADR）があります。これをベースにした日本版ADRの実証が2013年度から実証が行われています。早稲田大学・新宿実証センターにおいて、東京電力やアグリゲーター、4地域実証の各CEMS、各企業などと結び、連携してさまざまな実証を行っていますし、インセンティブ型DRの6実証でもこれを利用しています。

このほか東京電力では、2012年度にピーク需要抑制効果を確認するためのBSP（ビジネス・シナジー・プロポーザル）を募集。各種のアグリゲーターとの間で連携実証が行われました。各アグリゲーターに対しての情報はADRで伝達するのではなく、電話やインターネットなどで連絡し、アグリゲーターではそれに応じ、自動または手動で需要制御や発電機制御を行うというものです。実際には、こうした形のDRアグリゲータービジネスもあるということです。

インセンティブ型DR実証は東京電力エリアがその舞台となっていますが、DRが効果的に系統運用に組み入れられるには、全国各地での実証が必要ですし、さらに電力システム改革後の多様な電気事業者、需要家が参加する電力市場を想定した実証を積み重ねていく必要もあるでしょう。

❖系統側で蓄電池をどう活用するか

蓄電池の最新動向としては、２０１３年度の国の補助事業として、周波数制御用の大型蓄電池の実証試験がスタートしています。２０１４年度中に東北電力エリア内に容量2万キロワット時のリチウムイオン電池、北海道電力エリア内には容量6万キロワット時のレドックスフロー電池を設置し、実際にどのように利用できるかを実証します。どちらも世界最大級の蓄電池を基幹系統の変電所に設置し、太陽光発電や風力発電の出力変動による周波数の変動対策に活用します。

東北電力の電力ネットワークに置かれるリチウムイオン電池の場合は、火力発電と協調運用しながら、蓄電システムの寿命への影響を抑えつつ、調整力として最大限活用する運用方法などについて検討。この成果を踏まえ、東北地域における調整力を1割程度増強することを目指しています。

一方、北海道電力の電力ネットワークに設置されるレドックスフロー電池については、調整力としての性能検証や、レドックスフロー蓄電システムの最適な制御・管理技術の開発に取り組みます。レドックスフロー電池は、周波数変動対策のみならず、容量を大きくしやすいために、下げ代対策や長期の需給変動対策としても活用できると期待されており、やはり1割程度の調整力の増強を目指します。

これまでの実証結果から、需要家側に小規模の蓄電池を多数設置して制御するよりも、系統側に大型蓄電池を設置したほうが、制御しやすく効率もいいことはわかっています。すでに商用化されているNAS電池も含め、スマートグリッドを実現するには、これらの大型蓄電池が変電所などの電力ネットワーク側に設置する必要があるでしょう。

第4章

スマートメーター

❖スマートメーターとは何か

第4章では日本や欧米で普及が進むスマートメーターについて詳しく述べようと思います。基本的なことですが、スマートメーターとは何かを改めて考えてみましょう。

従来の電力量計はアナログで、電気の使用とともに円盤が回転して、その量を測ります。これを電力会社の検針員が、日本の場合は月に1回検針し、使用電力量に基づいて電気料金が請求されています。

これに対しスマートメーターとはデジタルで、かつ通信・制御装置を備えたメーターです。30分ごとなどの一定周期の計量と、その計量データの双方向通信が可能になることで、①遠隔検針②遠隔開閉制御③見える化——の3つの機能が実現します。日本が導入するスマートメーターはこれに当たりますし、欧米で導入されているのも、このタイプです。

また、構想として、スマートメーターにはHEMSのような、家庭内の電気製品制御などの機能も期待されています。米国では、スマートメーターにHEMS機能を持たせ、空調温度やプールの水位、電気自動車などを制御するような絵を描いているプロジェクトもありました。

私たちは前者を狭義のスマートメーター、後者を広義のスマートメーターと呼んでいます。現在、世界で普及しつつあるのは狭義のスマートメーターで、さまざまな機能を備えた広義のスマートメーターを導入したところはまだありません。

スマートメーターについては日本よりも欧米のほうが、先行して導入しています。欧米においてスマートメーターを早期に導入する意義はどこにあったのでしょうか。

欧州ではスマートメーター導入以前、電力量計の検針は数カ月に1度程度でした。途中で引っ越してしまったりすれば電気料金が請求できないケースもあります。またアナログで回転式の電力量計は年数が経つと回転が遅くなるので、電気料金の回収額が少なくなるという事情もあったようです。

そこにスマートメーターを導入し、遠隔検針を行うことで、料金請求を正確に確実に行うことができるようになりました。また開閉作業など、人による作業が少なくなるため人件費が圧縮できるといった、業務効率化も主要な目的でした。

米国でのスマートメーター導入の大きな目的の一つは、発電、送電、配電設備の建設繰り延べだということです。スマートメーター導入により、各エリアの電力使用量が詳しくわかるため、設備更新計画が立てやすくなります。

さらに家庭で電力使用量が見えるようになると、節電につながります。節電によるピークカットが可能であれば、設備利用率（負荷率）が上がるので、電源開発への投資削減や業務効率化につながります。

このように遠隔検針や遠隔でのスイッチの開閉（停止・停止解除作業）は電力会社の業務効率化につながります。ですから欧米ではスマートメーターの導入が進んだのです。

米ブルームバーグの記事によれば、いち早く全戸にスマートメーターを導入したイタリアの電力会社エネルでは、年間428億円（4億ユーロ）もの業務効率化が図られているようです。スマートメーターによって設備の不具合発生設備を見つけられるようになり大きな故障を防ぐことができたり、配電線や引き込み線で発生する不具合を遠隔操作で解消したり、その情報をデータベースに蓄積して地図情報と一緒に管理するシステムを構築することで投資に優先順位をつけられるようになったことから、保守費用や設備投資の低減のほか、顧客サービス向上につながったそうです。エネルは、スマートメーターに2250億円を投資したということですが、およそ5年で投資回収ができることになります。

❖欧米中で先行するスマートメーター導入

海外の導入状況を見てみましょう。

経済産業省のスマートメーター制度検討会が行った海外調査によれば、欧州では2002年、イタリアのエネルがスマートメーターの導入を開始。その後、2006年のEUエネルギー効率化指令により、消費量や使用時間の実績値を正確に反映・提供できるメーター設置の保証が盛り込まれたことから、各国で導入が進み始めました。スウェーデン、スペイン、イタリア、イギリス、オランダ、フランスでは、実質的にスマートメーター導入が義務化されています。

イタリアでは2011年までに3600万の需要家に電子メーターが設置され、スウェーデンでは2009年までにはほぼすべての需要家に遠隔検針が可能なメーターが設置されたとしています。また、フランスでは2016年末までに95%のメーターをAMIシステムに接続、スペインでも2018年末までに100%設置する予定。イギリスも大規模導入を2020年までに完了させるとしています。

EUでは電力自由化指令、エネルギー効率化指令などによって、スマートメーターの普及へ

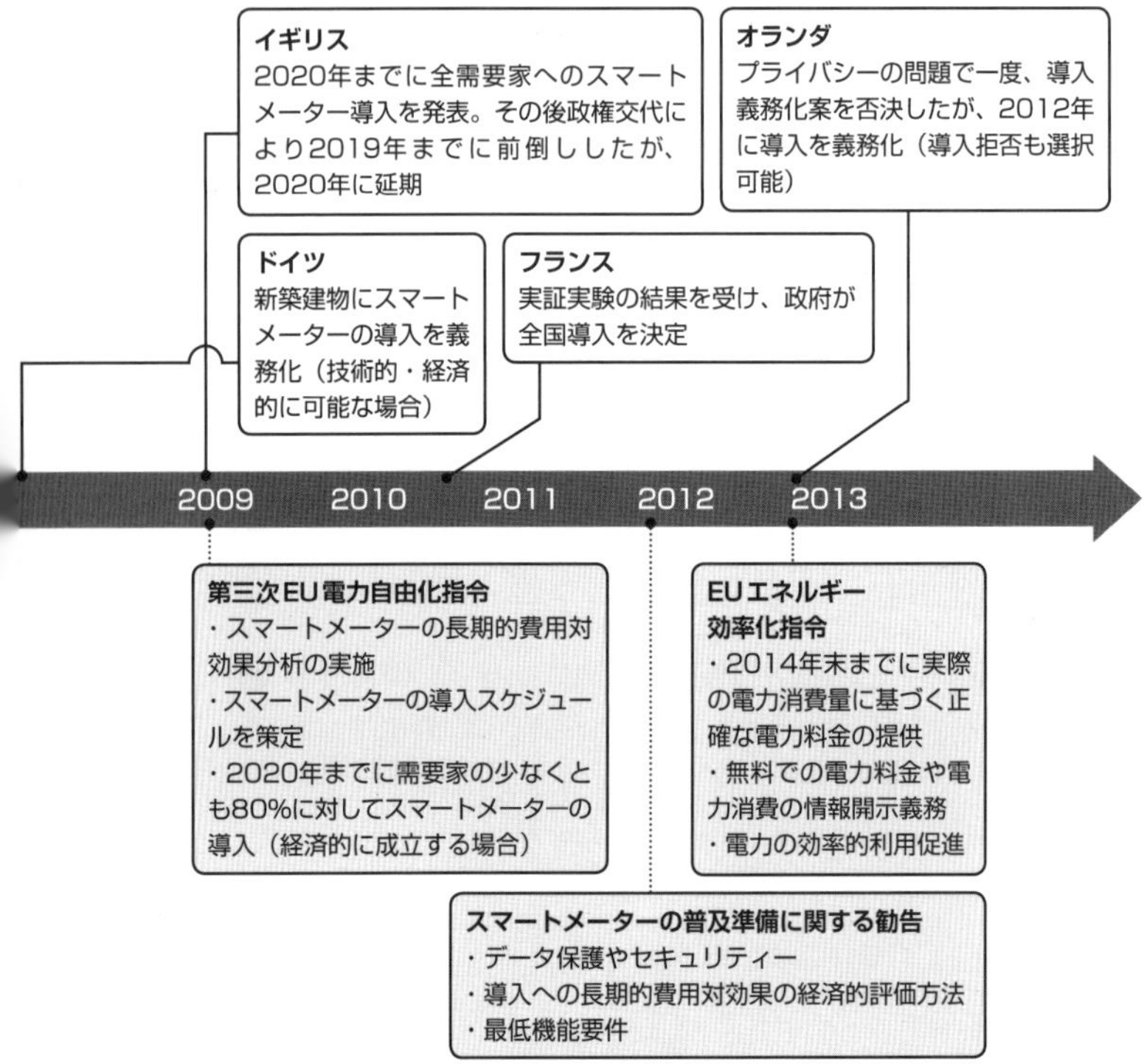
イギリス
2020年までに全需要家へのスマートメーター導入を発表。その後政権交代により2019年までに前倒ししたが、2020年に延期
オランダ
プライバシーの問題で一度、導入義務化案を否決したが、2012年に導入を義務化（導入拒否も選択可能）
ドイツ
新築建物にスマートメーターの導入を義務化（技術的・経済的に可能な場合）
フランス
実証実験の結果を受け、政府が全国導入を決定
2009
2010
2011
2012
2013
第三次EU電力自由化指令
・スマートメーターの長期的費用対効果分析の実施
・スマートメーターの導入スケジュールを策定
・2020年までに需要家の少なくとも80%に対してスマートメーターの導入（経済的に成立する場合）
EUエネルギー効率化指令
・2014年末までに実際の電力消費量に基づく正確な電力料金の提供
・無料での電力料金や電力消費の情報開示義務
・電力の効率的利用促進
スマートメーターの普及準備に関する勧告
・データ保護やセキュリティー
・導入への長期的費用対効果の経済的評価方法
・最低機能要件

向けた方針が打ち出されています。２００９年の第３次ＥＵ電力自由化指令では、スマートメーターの長期的費用対効果分析の実施やスマートメーター導入スケジュールの策定を盛り込み、経済的に成立すれば、２０２０年までに需要家の少なくとも80％に対してスマートメーターを導入すべきとしています。

　電力自由化の進展具合

図4-1　欧州におけるスマートメーター導入状況

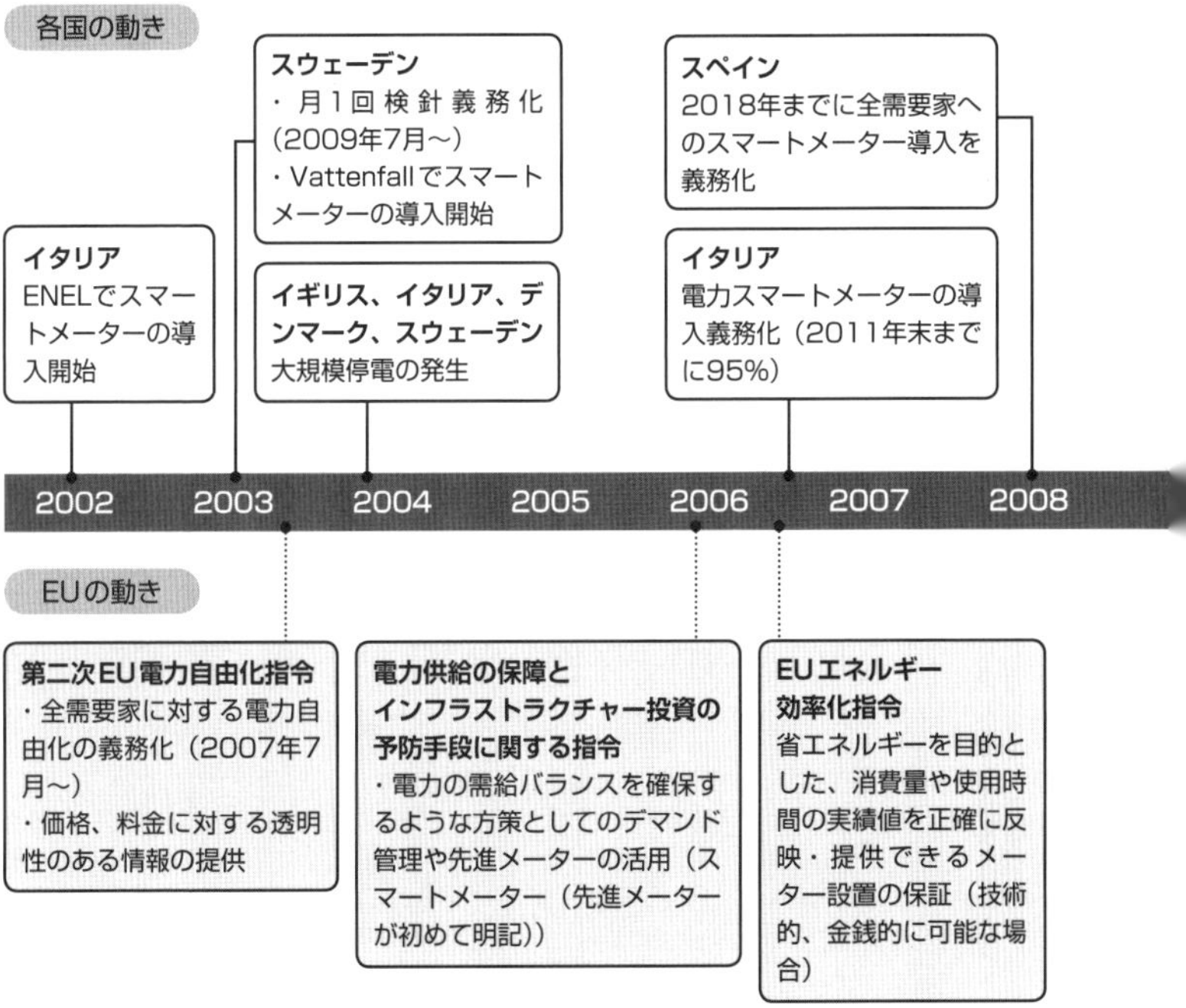

出典：経済産業省スマートメーター制度検討会資料「スマートメーターの導入・活用に関する各国の最新動向」（三菱総合研究所）

が異なるEUでは、国によって取り組みはさまざまです。

ドイツではEU指令に基づいて費用対効果分析を実施したところ、2020年までに80%普及というEUシナリオは経済的側面から好ましくないとし、全戸導入は2028年と、他国に比べ遅い導入計画を立てています。またスマートメーターを導入する事業者も、電力自由化が進んでいるＥＵでは国ごとに異なります。

米国においては２００９年に施行されたアメリカ復興・再投資法（ＡＲＲＡ２００９）でスマートメーターの導入促進をうたっています。２０１５年までに６５００万台を設置する計画が立てられています。米国ワシントンに拠点を置くエジソン研究所傘下の電力イノベーション創出研究所（ＩＥＥ）調査では、２０１３年7月時点で、全米で４６００万台普及しており、普及率は40％に近くなると見積もっています。米エネルギー省エネルギー情報局（ＥＩＡ）などの統計も近似値を示しており、地域差はありますが、スマートメーターの普及が進んでいることがわかります。

米国の場合、テキサス州とカリフォルニア州、フロリダ州、ニューヨーク州などで導入が進んでいます。中でもテキサス州では、２０１３年末までに主要配電会社4社は既に設置を終了したようです。

カリフォルニア州ではスマートメーターの無線通信による健康被害を懸念する需要家が反対運動を行った結果、導入拒否を行う権利を認めるオプトアウトプログラムが導入されました。ただし機械式メーターに戻す場合は利用者負担となります。

中国では、2011年9月までに5850万個のスマートメーターが導入されており、2015年までに2億3000万個を導入する計画です。計測精度によって4種類があり、精度の低い2種類には多くの計器メーカーが入札に参入しています。

また韓国でも2010年に「スマートグリッド国家ロードマップ」を作成し、2020年までに1800万戸ある低圧需要家を含め全需要家に対するスマートメーターおよび双方向通信システムのインフラ基盤構築を進める方針を示しています。目標として、社会全体のエネルギー消費の合理化と、リアルタイムで変動する電気料金情報を反映させて、ピーク時のエネルギー使用量を削減させるのが目的です。

既に、済州島でスマートグリッド実証試験が行われており、スマートメーターによる消費低減も可能だという試験結果がでているといいます。しかし、韓国では電気料金が政府によって恣意的に安価に設定されているので、スマートメーターの費用回収はどうするのか、料金の設定をどうするのかなど非常に複雑な問題が多数あり、今後の進展に興味あるところです。

オーストラリアでは、2006年からビクトリア州が先行してスマートメーターの導入を検討しており、州や地域によって普及状況が異なっています。政府は経済的に成立する地域につ

表4-1 日本におけるスマートメーターの導入計画

（2013年度末現在）

		北海道	東北	東京	中部	北陸	関西	中国	四国	九州	沖縄
高圧	導入完了	2016年度	完了	完了	2016年度	完了	2016年度	2016年度	2016年度	完了	2016年度
低圧	本格導入開始	2015年度	2014年度下期	2014年度上期	2015年7月	2015年度	開始済み	2016年度	2014年度下期	2016年度	2016年度
	導入完了	2023年度末	2023年度末	2020年度末	2022年度末	2023年度末	2022年度末	2023年度末	2023年度末	2023年度末	2024年度末

出典：総合資源エネルギー調査会省エネルギー・新エネルギー部会資料

いては導入を決定しています。

❖日本の導入計画も前倒し

日本における導入状況はどうなっているのでしょうか。

日本の場合、スマートメーターは大口需要家向けから導入が進められており、契約電力が500キロワット以上の顧客には既に100％導入されています。さらに50～500キロワットの顧客に導入されることで、キロワットベースにおける需要の80％に入ったことになります。

東日本大震災後の電力不足を経て、需給逼迫状況の改善にスマートメーターを通した消費量情報の提供やその他電気料金などの提示によるDRも想定し、家庭などの小口需要家については、2020年代の可能な限り早い時期に需要家すべてに導入することになりました（表4-1）。この計画は新たなエネルギー基本計画に盛り込まれています。最も早くから導入を進めてきた関西電力では2014年8月までに300万台の設置を完了。2022年度末までにエリア全域で導入完了する予定です。また東京電力では、導入完了時期を当初計画に比べ3年前倒しとなる2020年度末に定めました。東京、関西が先行しますが、今後は全国各地でスマートメーターの導入が急ピッチで進められていくことになります。

❖日本のスマートメーターには2つの通信ルート

全国の電力各社で導入されるスマートメーターには、大きく分けて東京電力方式と関西電力方式がありますが、違いは各機能が分離されたユニット構造であるかどうかなどであって、実際の機能的要件はほぼ同じです。

スマートメーターにはそれぞれの家が使用した電力量を通信する機能がついており、Aルート、Bルートの2ルートを備えることになっています。

Aルートとは電力会社が電気料金を精算するためスマートメーターから使用量の情報を受け

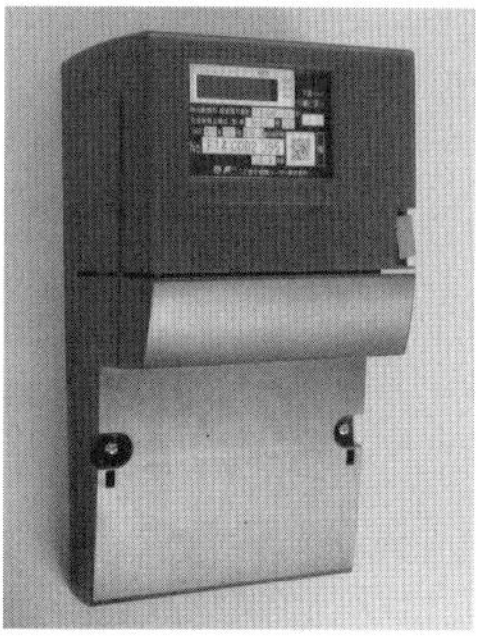

東京電力のスマートメーター

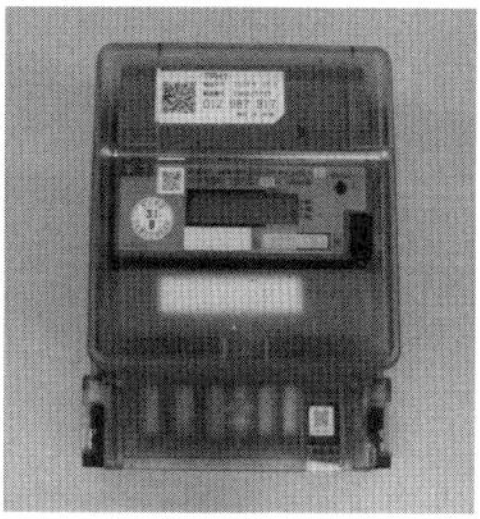

関西電力のスマートメーター

取る通信ルートで、30分の計量値を電力会社の送配電部門に送信する通信回線です。このルートを使ってこれまで電力会社から人が出向いて行っていた検針や、停止・停止解除などを行えるようにします。

Ｂルートはスマートメーターの検針値を家の中でも見られるようにする通信回線です。家の中のＨＥＭＳに情報を送り、電力使用量の見える化を行ったり、その情報に基づいた家電制御などを行ったりできるようにするものです。

図4-2にはＡ、Ｂ、２ルートのほか、Ｃルートも描かれています。これは電力小売り全面自由化が行われる２０１６年４月以降、小売り事業者がサービスを行うために送配電事業者から顧客の30分単位の電力使用量情報を得る通信回線で、小売り事業者はその計量値を計量後60分以内に受け取ることになっています。もちろん、この電力使用量の収集においては、技術的

図4-2 日本におけるスマートメーターの概要

スマートメーター及び関連システムの全体像

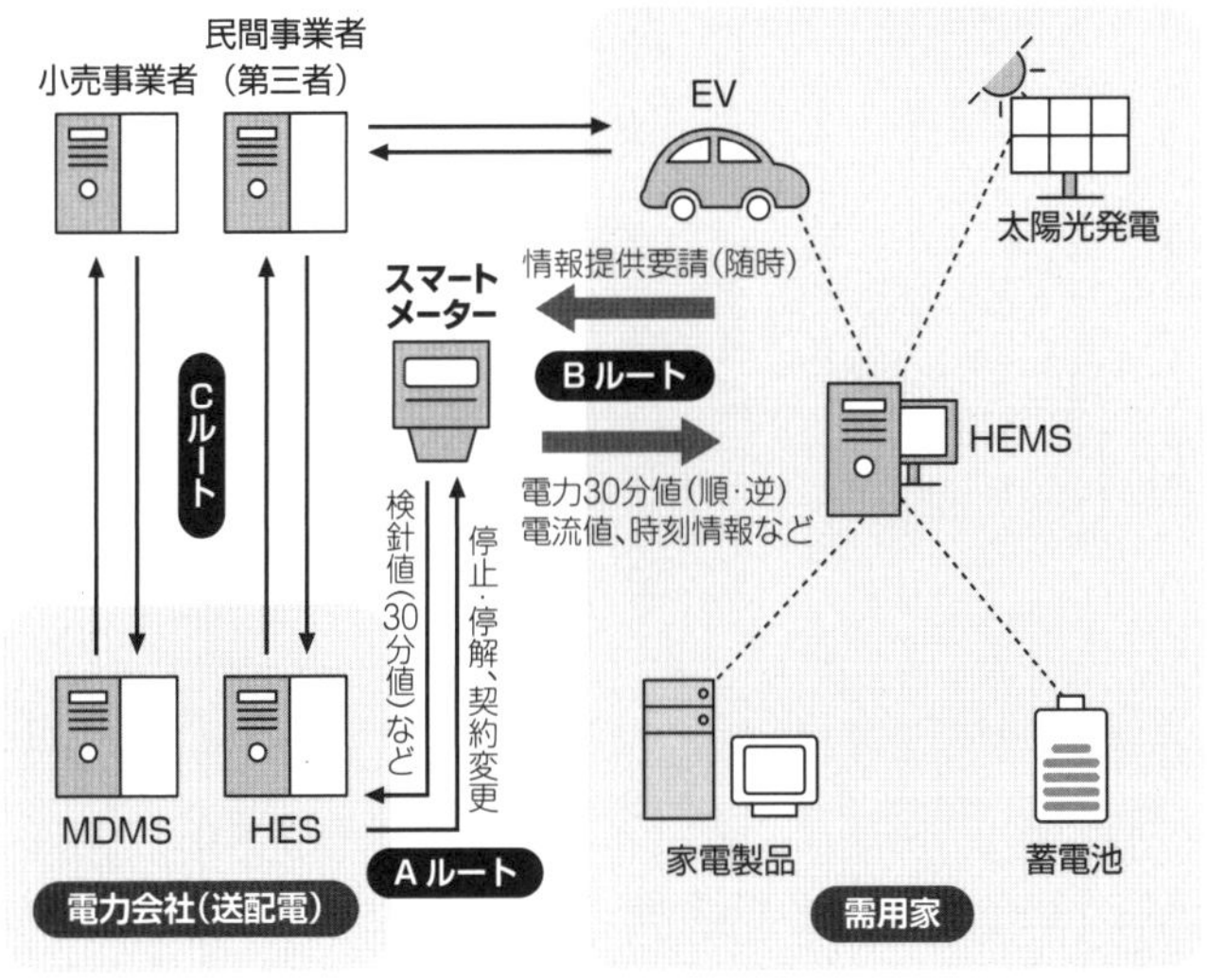

出典:経済産業省スマートメーター制度検討会資料

に欠損などが発生する可能性もありますので、ベストエフォートでの提供となっています。これは、通信技術として確実に伝送する仕組みを盛り込んでいるものの、必ずしも毎回データが伝送されるという保証はされていないという意味です。

❖確実さが要求されるAルート

電力会社ごとに導入するスマートメーターのメーカーや仕様は多少異なります。Aルートでは、どのメーカーのスマートメーターでも、送配電事業者に計量データを伝送できなければいけませんし、Ｂルートでは家庭内にあるＨＥＭＳのメーカーや種類に限定せず、つながるようにする必要があります。よってＡルート通信仕様の整備や、Ｂルート通信の標準化、データフォーマットの統一が課題になります。Ｂルート通信については、こうした課題認識の下で議論が進められ、すでにエコーネット・ライトという標準規格を適用することが決められています。

Ａルートで課題となるのは、通信回線の確保でしょう。スマートメーターの導入が進んでも、すべての場所に利用できる通信回線があるとは限らないので、Ａルートの実現、つまり双方向通信で検針データを自動送信できるよう通信環境を整備することはなかなか大変です。どのような方式で通信をすればいいのか、地域によって異なります。日本の電力各社においては、無線方式や電力線搬送など、複数の通信方式を地域の特性に応じて使い分ける、適材適所の考え方で取り組んでいます。米国カリフォルニア州では、どうしてもつながらない地域の場合、衛星通信を用いているところもありますが、これでは高コストになります。

一方、家庭内への情報提供ルートであるＢルートは、ＨＥＭＳに対する一対一の通信で、比較的円滑に情報提供ができるため、需要家からの個別要望があれば、対応するスマートメーターを設置する予定です。その場合、家庭によっては既に太陽光発電用の運転パネルなどがあるため、HEMSとこれら機器との接続をどうするかが喫緊の課題です。

さらにCルートについては全面小売り自由化後の小売り事業者にとって、30分の需給同時同量を達成するために、また託送料金などの算定やウェブによる電気使用状況の「見える化」などのサービス提供に必要となります。各電力会社では、送配電部門がスマートメーターのAルート経由で入手した電力使用量の情報について、2016年4月までに小売り事業者へのデータ提供を開始できるようシステム開発を進めています。

❖スマートメーターでできること

この章の冒頭にも述べましたが、2020年代の可能な限り早い時期に需要家すべてに導入されるスマートメーター。普及が進んだら何ができるのでしょうか。

遠隔検針・開閉制御で電力会社の業務効率改善が図られます。現在は月例の検針や、引っ越し時の使用量確認などは人が訪問して行っていますが、その合理化が可能になります。また家庭の電気使用量の詳細データによる配電系統の拡張計画に役立ちます。また、配電設備の負荷状態が把握できますので、過負荷機器の早期取り替えなどメンテナンスの面でも活用できます。エネルのように設備の不具合発生時の業務効率化効果が得られるとなれば、電力会社にとってスマートメーター導入のメリットは大きいといえるでしょう。ただ、日本の場合はすでに送配電ネットワークの自動化が進んでおり、欧米に比べ効果は小さいのではないかと想定されます。

一方、需要家は、Bルートによって電力使用量が見える化され、電気の使い過ぎなどに気づいたり、節電したりできるようになります。しかしメーターからの情報は、その家における総合的な電力使用量です。太陽光発電がある家ならば、発電分を差し引いた消費電力量が表示されることになります。正味の電力使用量を表示するためには、スマートメーターの数値に太陽光発電量を加える必要があります。

さらにBルートからのデータを系統の安定化につなげるためには、需給運用に合わせて家庭内の電力使用量を制御する必要があります。しかしメーターは使用した電力量を計測するという、電力の取引の秤《はかり》としての役割を持つものです。欧米で導入されたスマートメーターにも家電機器の制御機能はありません。それは、HEMSなどスマートインターフェース機能を持つ機器に持たせ、スマートメーターや家電機器とつないで、家庭内をコントロールする形になります。

では、HEMS機能で実現できることは何でしょうか。見える化による家庭内の省エネに加え、時間帯などにより変動する電気料金型のDRへの参加が想定されます。料金を見て節電行動を行うというだけでなく、スマートメーターやインターネット経由で寄せられる緊急需給逼迫時、または余剰電力発生時の信号をHEMSが受けて、あらかじめ設定した条件に基づき家電機器を自動制御するということも可能になるでしょう。

前章でも述べましたが、これは自動デマンドレスポンス（ADR）と呼ばれており、これまで紹介した国家プロジェクトの実証試験でも、技術面での確立、ビジネスとしての可能性などに向けた取り組みが行われています。これができれば、需要家にとって、エネルギーの効率利用ができ節電できるというメリットがあるだけでなく、電力会社にとっても、発電設備の設備投資抑制や送配電設備のさらなるきめ細かい保全が可能になり、エネルのようにコスト低減につながることが期待されます。

HEMS機能についても、現在は専用の装置が必要ですが、将来的にはパソコン、スマートテレビなどでの代替が可能です。最終的にどのような機器が主流になるのかは、今後の電力需給状況や、電力システム改革に伴う新サービスや、新たな機器開発などの進展状況によって変わってくるでしょう。

❖スマートメーターは誰が導入するのか

日本においては、スマートメーターは従来通り電力会社が設置しており、早いところでは２０２０年までに設置が終了する予定です。しかし２０１６年4月からは電力小売り全面自由化が始まります。そして早ければ２０１８年には送配電部門の法的分離を実施することになっています。

電力自由化が進んだ後のことを考慮し、中立性を保つため、現在、スマートメーターは各社の送配電部門が所管しており、法的分離後も、送配電事業者が設置を行うことになっています。またその情報については、各社の送配電部門が管理し、小売り事業者へ提供することになっています。

海外ではどうでしょうか。電力自由化が進む欧米の例を見てみましょう。

欧州の設置主体は配電事業者です。イギリスでは制度的には小売り事業者に設置義務がありますが、実際には配電事業者が小売り事業者にリースする形になっています。ドイツはメーターオペレーター会社があります。これはメーターサービスプロバイダーともいうべき事業ですが、実態は配電事業者が行っています。

米国の場合は州ごとに異なりますが、普及が進むテキサス州では配電事業者が行っています。こうした導入主体の違いによって、メーター費用の分担についても国や地域によって異なります。米国ではサーチャージ（追加費用）または電気料金となっています。欧州は託送料金に含まれるようになっています。日本の場合も、送配電事業者には総括原価方式が認められており、その中にメーター費用が含まれているので、託送料金の中に含まれます。

欧州のうち、イギリスでは電気料金として、そのほかの国では託送料金などで支払うことになっています。また、ドイツでは顧客がサービスプロバイダーからサービスやデバイスを選ぶことができます。

135ページでも述べましたが、ドイツが「2020年までに80％に導入」というEUシナリオに基づいて経済的に検討した結果、効果が見込めないとし、全戸導入を2028年としたことは興味深い点です。EUシナリオの費用対効果の分析は、メーター読み取り、管理コスト、配電線投資、送電設備などを評価することになっていますが、計算してみると効果が出てこないという結論だったのです。

実は、同様の分析をすると、日本でもスマートメーター導入による業務効率化効果はすぐには出てきません。先行して導入している関西電力の試算では、スマートメーター導入による業務効率化効果に加えて、配電設備形成の合理化によるコスト削減として、年間約12億円の規模が見込まれていますが、導入当初は費用が効果を上回ります。効果が出るのは単年度で２０１８年、累計では２０２４年になる見通しです。本格導入を開始した２０１２年から十数年でようやく黒字化するというわけです。

一方、スマートメーター導入によって早期に大きな効果が見込まれる国は、日本と事情が異なります。日本ではメーターは10年ごとに取り替えていますが、米国ではほとんど取り替えていません。通常、機械式の電力量計の計測精度は年々下がり、少なく計測するようになります。そして、検針も1年〜数カ月に1回程度のところが多く、それを月割りにして請求する料金回収スタイルです。このように、もともと検針の精度が低かったために、デジタル化し毎月管理すれば大きな効果が期待できるのです。また、電力ネットワークも、日本のように配電自動化などが進んでいないため、スマートメーター導入による配電系統における事故影響の最小化や、設備投資の合理化効果が大きいと考えられます。イタリアでは盗電防止といった意味もあったといいます。

一方、日本では配電自動化も進み、既に配電事故の影響を小さくする努力が行われていますし、料金の回収率も高いので、経済効果だけ見ると、電力会社にとって早期導入する動機は大きくはないでしょう。しかし、現在はＥＵシナリオ並みのスピードで導入することになっています。つまり、非経済的効果を重視しているのです。

非経済的効果とは――。その原因はやはり東日本大震災後の電力不足です。原子力発電所停止によって電力が不足し、国民全体で節電、ピークカット・ピークシフトを行う事態に陥りました。このような努力をしても、燃料コストは増大しているため、電気料金は上昇しています。電力不足を解消し電気料金上昇を抑制するため、電力需要を制御し需給を最適化するという目的で、今、スマートメーターの普及が、計画を前倒しして進められているのです。

第5章

海外の動き

1. 米国の動き

米国ではリーマンショック後の2009年、米国再生再投資法（ARRA）に基づき、45億ドルがスマートグリッドに投資されたのがきっかけで、再生可能エネルギーの導入や、スマートメーターの導入、デマンドレスポンス（DR）の実施、蓄電技術の開発、電気自動車やプラグインハイブリッドの導入などが進みました。その背景には、電力需要増による供給力不足や電気料金の高騰などもあります。

米国には電力会社が約3000社あり、また州や地域によって規制状況も異なるため、再生可能エネルギー導入が進むところもあれば、近年、急速に生産が増加したシェールガスによる天然ガス火力が増えたところもあります。第4章でも述べたようにアドバンスド・メータリング・インフラストラクチャー（AMI）と呼ばれるスマートメーターの普及率も州によって異なります。

図5-1　カリフォルニアISOが予測する残余需要曲線

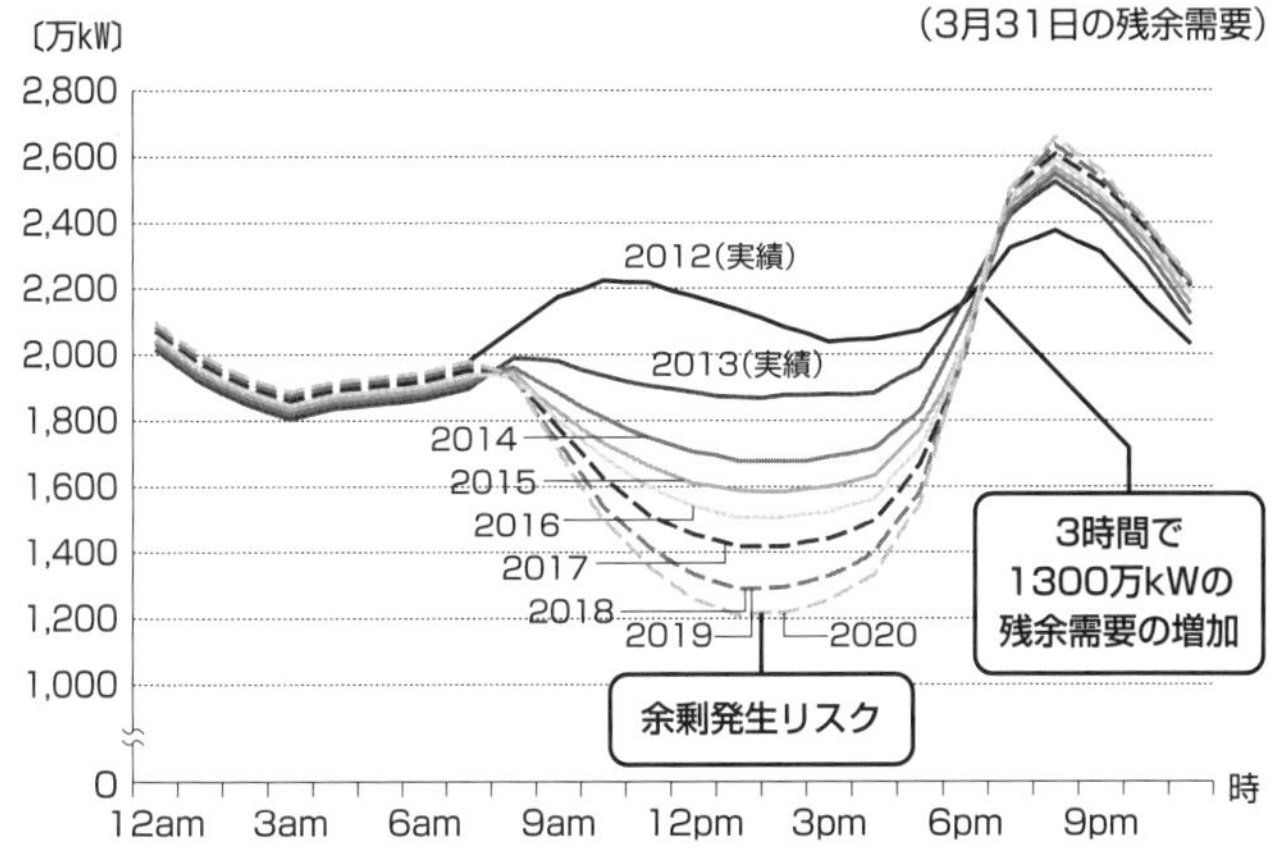

低負荷期のとある１日の残余需要予測。日の出前が尻尾、日没後の急増が頭に見えることから、ダックカーブと呼ばれる

出典：カリフォルニアISO ホームページ

❖太陽光発電とダックカーブ問題

米エネルギー省エネルギー情報局（ＥＩＡ）の年次報告によると、２０１２年までに導入された再生可能エネルギーの設備容量は約１億４９００万キロワットとなり、２０４０年には約２億キロワットまで増加することを見込んでいます。主な電源は水力と風力です。２０１２年ではほぼ半分の７８００万キロワットが水力で、風力が５９００万キロワット、太陽光は２５０万キロワットです。しかし２０４０年には水力の８０４０万キロワットに対し、風力が８５００万キロワットと上回る見込みです。

太陽光は1700万キロワットに拡大すると見込んでいます。

　この数字は全米の数字ですので、2012年時点の再生可能エネルギー比率は14％程度です。しかし、再生可能エネルギー源の導入は地域差があり、再生可能エネルギー比率が高まっているカリフォルニア州やテキサス州などではさまざまな問題が発生しつつあります。

　カリフォルニア州ではダックカーブ、アヒルの曲線と呼ばれる問題が生じています。設備容量のうち22％が水力を除く再生可能エネルギーの設備で、このうち風力発電が4割、太陽光発電が3割を占めており、近年、太陽光パネルの価格が下がったことから、太陽光発電比率が高まってきています。

　このため、通常の電力需要から、発電量を制御できない再生可能エネルギー分を除いた残余需要を、火力発電などの従来型発電設備の運用で調整するわけですが、太陽光発電の普及に従って、その運用が大変厳しいものになっているといいます。残余需要は朝から減少を続け、夕方になると3時間くらいでピークに向かって上昇します。

　カリフォルニア州の独立系統運用機関（ＩＳＯ）では日々の再生可能エネルギーの発電量を公表していますが、そのカーブを見ても太陽光発電の影響はかなり大きいといえるでしょう。こ

図5-2　カリフォルニア州の再生可能エネルギー発電量

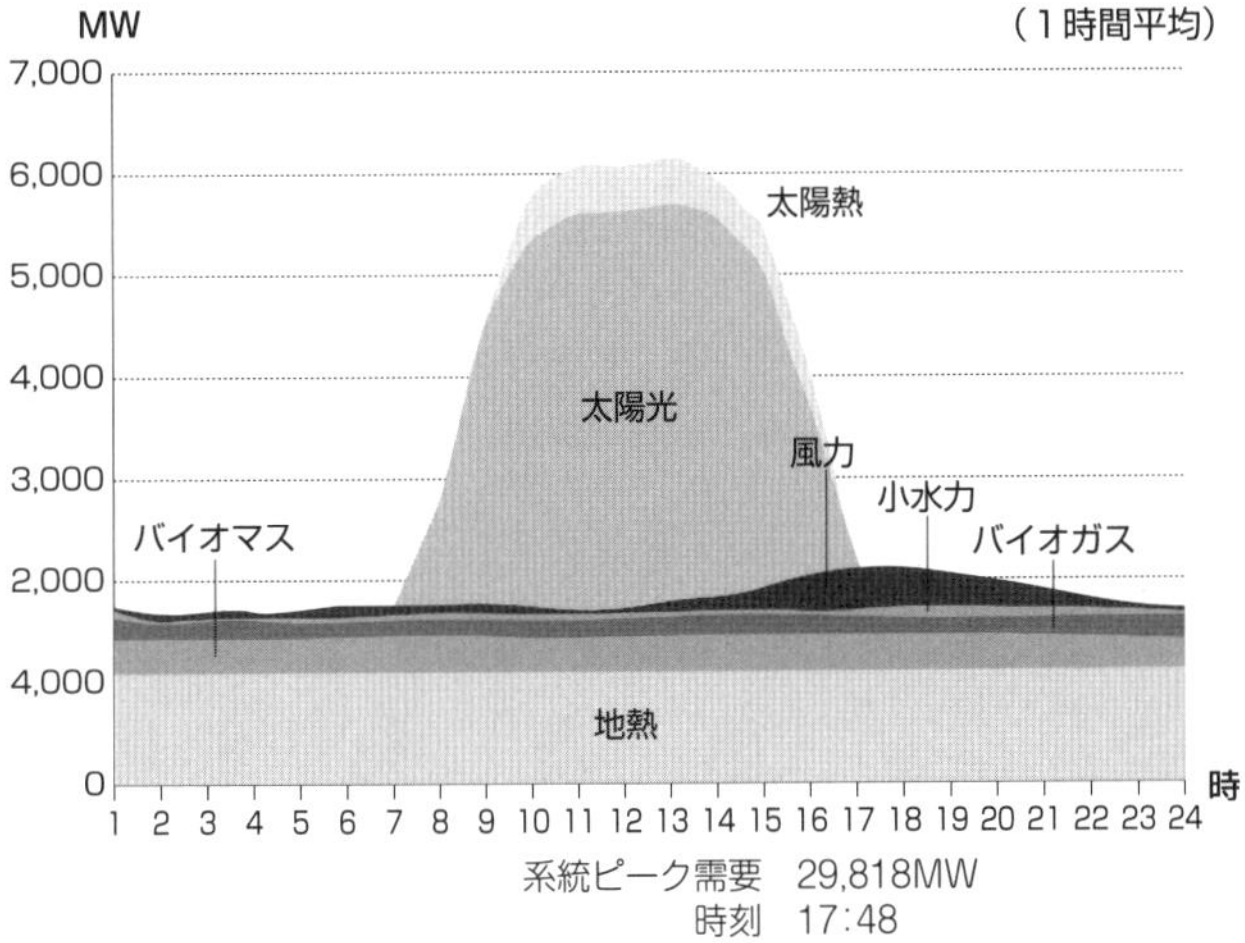

2014年11月25日の再生可能エネルギーの発電実績。太陽光、風力以外の発電量は比較的フラット。太陽光は日の出とともに急速に発電量が増加し、日没で急速に下がる

出典：カリフォルニア ISO ホームページ

の影響が、年々高まって、残余需要がダックカーブになると懸念されているのです。

　カリフォルニア州では2020年までに再生可能エネルギーを33%まで増加させるという目標を立てています。しかし、カリフォルニアISOが試算したところ、低負荷期に当たる2020年の3月には、夕方3時間で1300万キロワットの供給力上昇（ランプ現象）に対応しなければならない上、日中は、再生可能エネルギーの発電量が拡大しすぎて、調整用の火力発電の発電量が残余需

図5-3　米国の80%再生可能エネルギー導入シナリオ

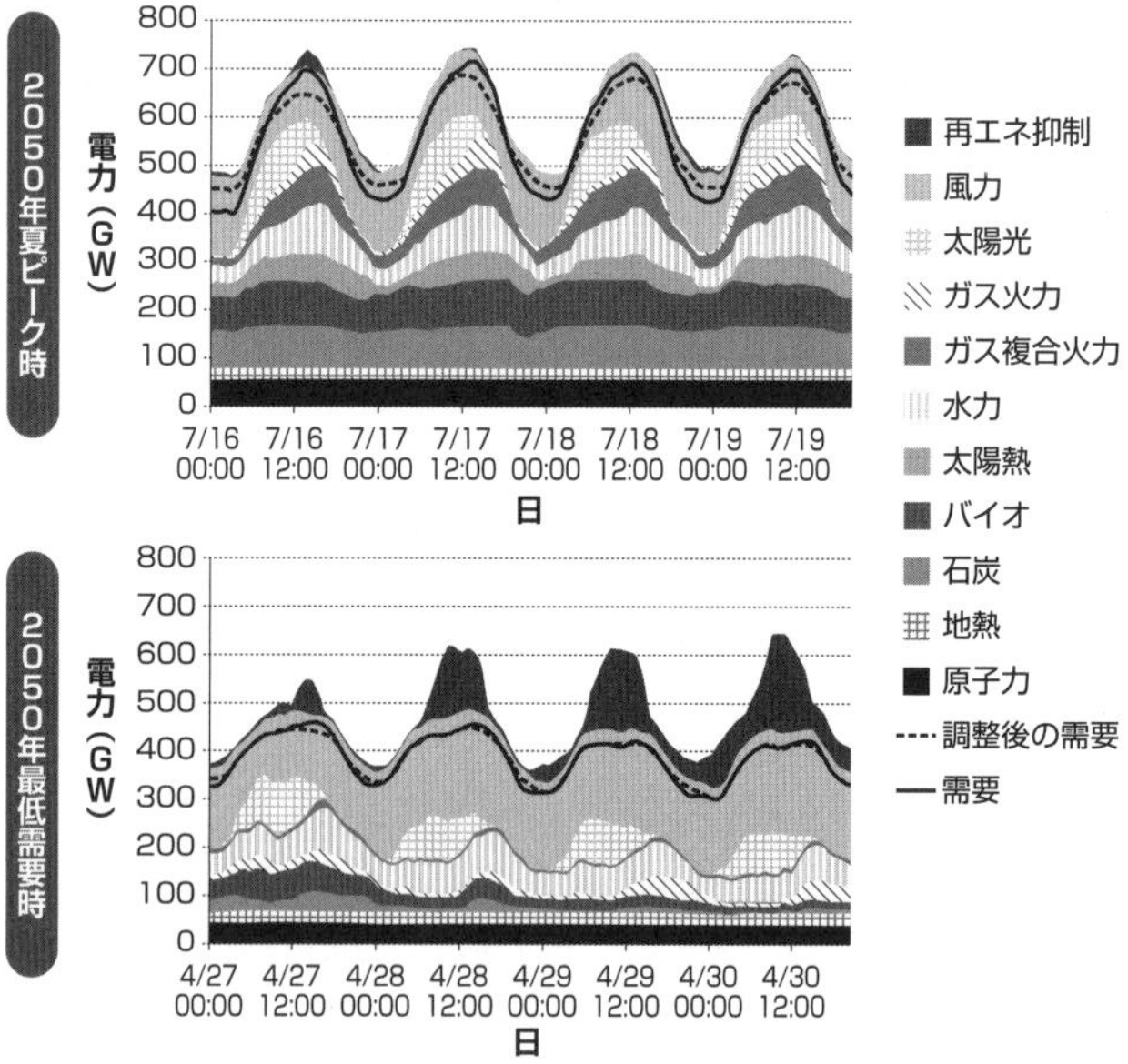

2050年に再生可能エネルギーが80%入ったとした場合の予測を見ると、夏ピーク時にも出力抑制が必要になり、また低負荷期にはほとんど発電しない火力の採算悪化が懸念される

出典：NREL「Renewable Electricity Futures Study」

要を超える危険があるとしています。

風力発電が拡大しているテキサス州のＩＳＯ、テキサス電力信頼度協議会（ＥＲＣＯＴ）では、風力発電設備は１０３０万キロワットに達しており、夜間には電源の40％まで達したこともあるといいます。西側に風力発電の適地があるので、ＥＲＣＯＴでは前もって送電線を建設していますが、それ以上に風力建設が進んでいるということです。

風力発電の比率が高まると、発電量変動への対応が重要になってきます。ERCOTでは風力発電量の急激な変化には警報を出し、アンシラリーサービスの購入で対応しています。

北西部に173万キロワットもの大量の風力発電設備のあるニューヨークISOでは、まずネットワーク全体の経済性を確保するために、AWSトゥルーパワー社が開発した風力発電予測ツールを1日前市場、リアルタイム市場ツールに組み込み、全米で初めて、経済負荷配分運転（EDC）のための風力発電出力抑制を市場原理で行っています。またこの風力発電電力を需要地の南部に送るための送電線容量に影響が出るため、出力抑制やランプ制約などのルールを作成し、それを需給運用ソフトウエアに組み込んでいるといいます。

❖再エネ大量導入には、出力抑制と蓄電技術、市場活用が必要

米エネルギー省傘下の再生可能エネルギー研究所（NREL）は、2012年7月にまとめた報告書で、2050年までに全発電量の80％を、再生可能エネルギー源でまかなうことができるとしています。ただ、春などの低負荷期には需給調整が課題になるだろうとし、再生可能

エネルギーである太陽光、風力、水力発電源の発電量を8～10％程度抑制する必要が出てくると分析しています。

しかしこうなると、再生可能エネルギーだけを出力抑制するだけでなく、当然、従来型のベースロード電源の出力も抑制することになります。そうなると原子力や石炭火力といったベースロード電源も、電力市場の中の容量市場（キロワットを確保する卸電力取引市場のメニュー）での潜在収入を失うことになり、また発電効率も悪化するため、経済性が悪化することが懸念されています。

この報告書では、出力抑制を軽減する解決法として、送電容量の拡大やアンシラリーサービスの活用促進、蓄電技術の導入などのスマートグリッド技術の活用をあげています。

❖卸電力市場を活用しDR

米国では再生可能エネルギーの増加に対応して、発送配電設備の増強に加え、卸電力市場のシステムを活用していこうと考えています。

米国では電力自由化が進み、発電設備や送配電設備への投資不足で容量不足問題が生じ、卸

表5-1 欧米の卸電力市場におけるDR市場の分類

			米国	欧州	日本
kWh		①電力量市場	1日前市場 リアルタイム市場	—	1日前市場 4時間前市場※
kW		②容量市場	容量市場	容量市場 (導入予定)	容量市場 (導入予定)
kW	アンシラリー用途	③予備力 (中長期) (30分以上)	運転予備力市場	負荷追従市場	リアルタイム市場 1時間前市場 (導入予定)
kW	アンシラリー用途	④予備力 (短期) (10分〜30分)	瞬動予備力市場	周波数調整力市場	リアルタイム市場 (導入予定)
kW	アンシラリー用途	⑤周波数制御 (数秒〜数分)	周波数調整力市場	周波数調整力市場	

※4時間前市場は1時間前市場に変更される予定
(注)米国は市場によって異なる、欧州は国によって異なる

電力市場ではアグリゲーターによるＤＲ、いわゆるネガワット取引が活発化していました。発送配電設備を増強する方針は、ブッシュ政権時代に示されていましたが、再生可能エネルギーの可能性も高まってきたことから、リーマンショック後にスマートグリッド投資が増加しました。再生可能エネルギーの変動にも、市場の活用と設備増強の両面で対応する方針です。

全米最大のＩＳＯであるＰＪＭでは、すでに最大電力の10％超のＤＲ資源を有しているといいます。市場の中でＤＲを行うことを「ネガワット取引」といいますが、米国では従来の発電所が発電する「ポジワット」と同等の位置付けを得つつあります。

こうしたＤＲ市場の拡大を助けているのはＤＲプ

図5-4 米国における主要DR市場

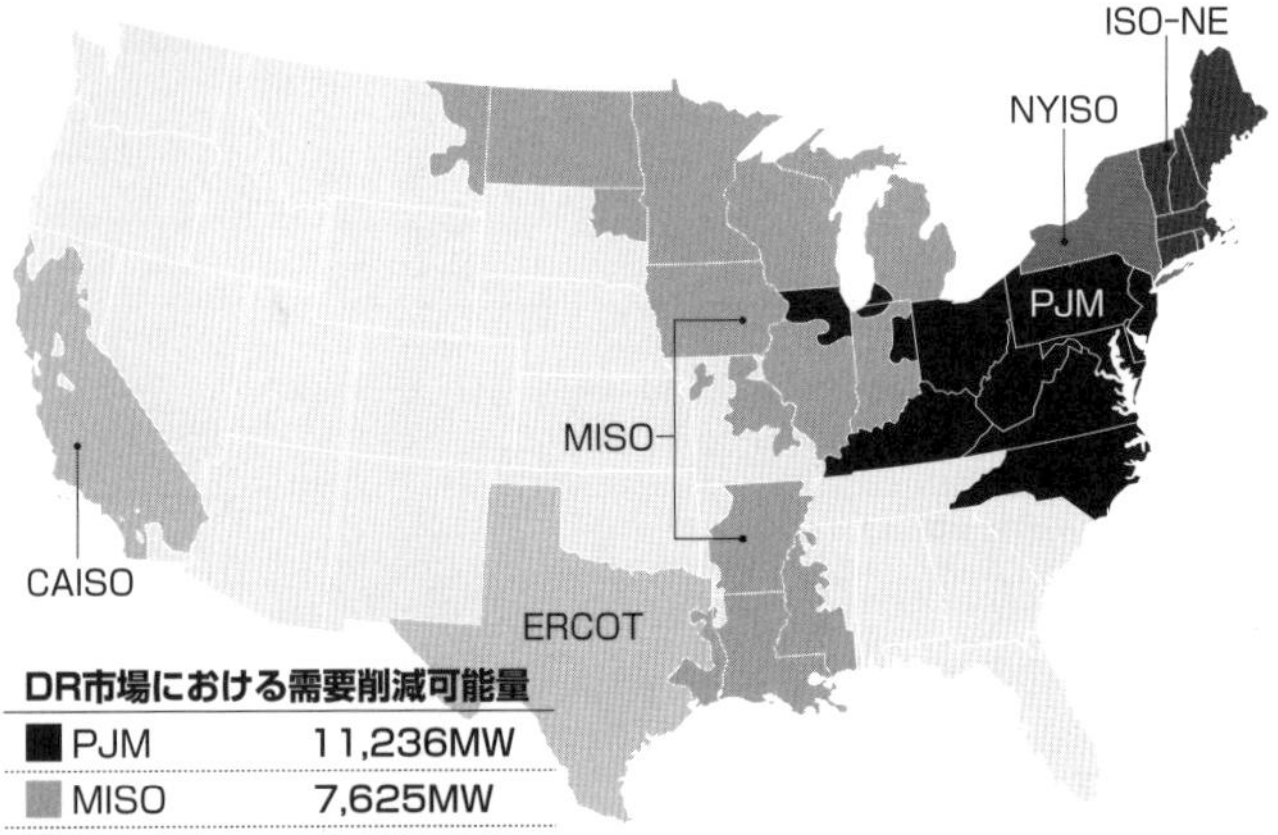

DR市場における需要削減可能量

PJM	11,236MW
MISO	7,625MW
ISO-NE	2,438MW
CAISO	2,317MW
NYISO	2,027MW
ERCOT	1,611MW

出典：GTM Research「US Demand Response Market Outlook 2014」

ロバイダーともアグリゲーターとも呼ばれる事業者です。アグリゲータービジネスとは、中小規模の需要家を中心に削減できる使用量「ネガワット」を集め、直接、小売り事業者や需要家に、または市場経由で販売を行っている事業者です。エナノック（ENERNOC）、コンバージ（Comverge）が大手になります。

一方、小売り市場ではスマートメーターの導入が進んでいます。第4章でも述べましたが、スマートメーターの普及率は2013年7月時点で40%近く、4600万台になるとみられています。

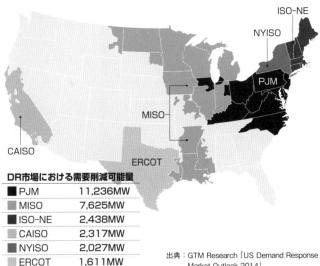

図5-5 PG&Eの料金メニュー

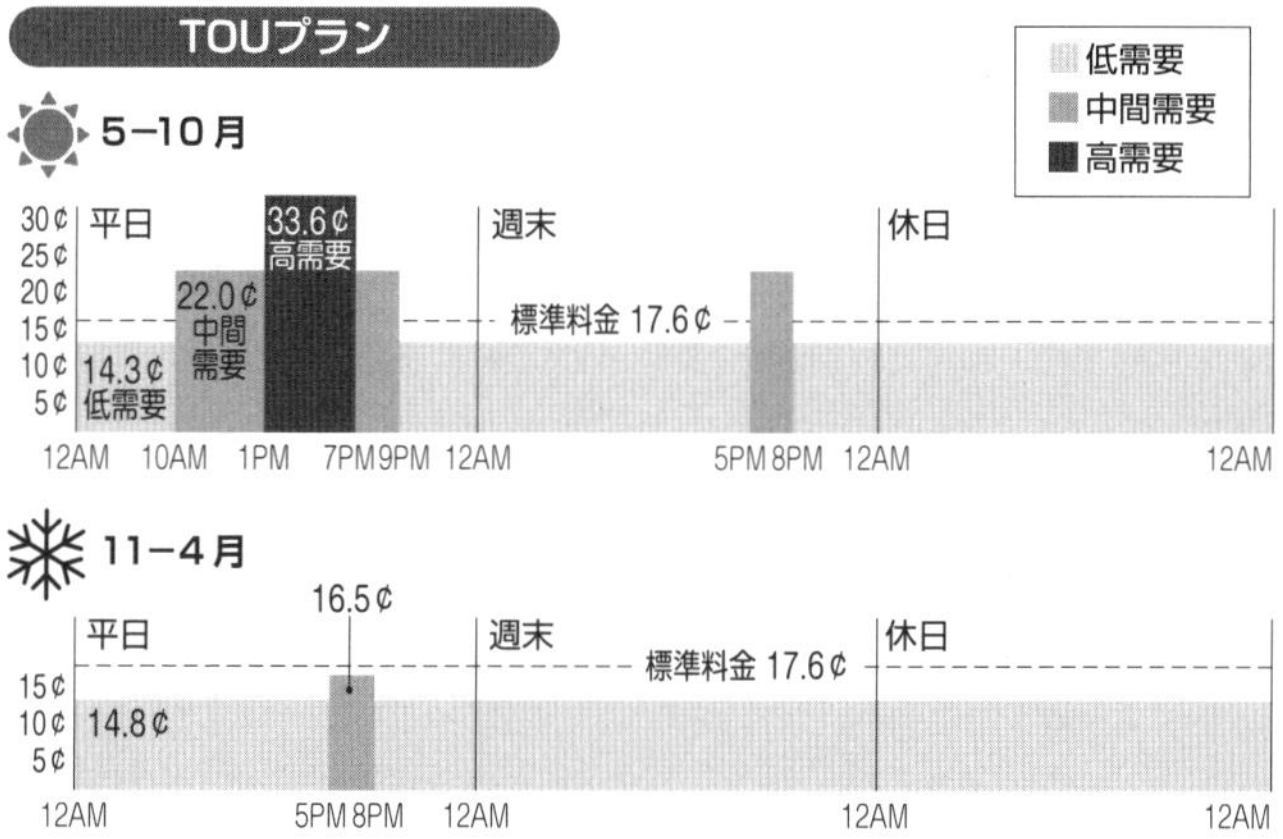

TOU プランでは標準料金に比べ、需要の多い時間帯は高く、それ以外は低く設定している

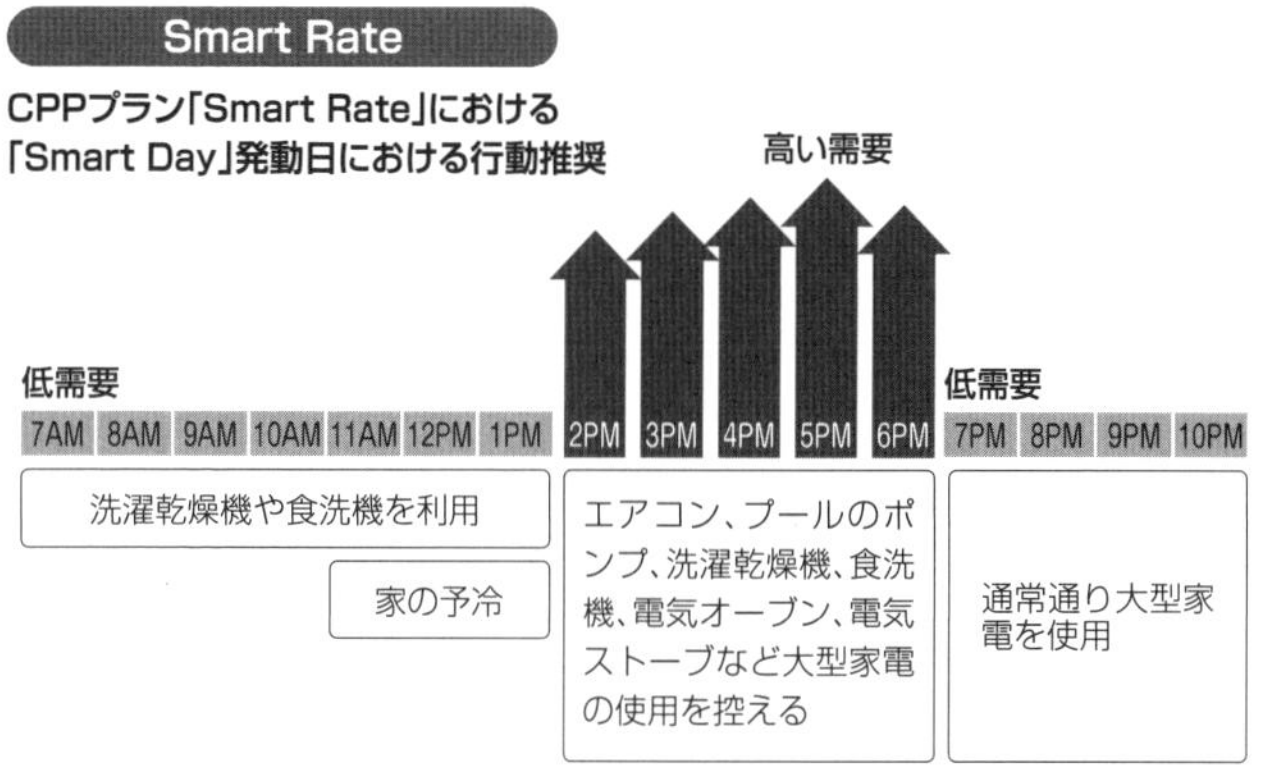

PG&EのCPPプラン「SmartRate」では、6〜9月の9〜15日間、「SmartDay」が発動される。SmartDayの午後2〜6時には、1kWh当たり 60¢のサーチャージが上乗せされるが、その代わりに同期間中は月額料金などでの優遇が受けられる

出典：PG&Eホームページ

スマートメーターの普及とともに、一般家庭向けのDRも始まっています。

実際に行われているDRの例を紹介しましょう。カリフォルニア州の電力会社PG&Eでは、4段階従量料金制の料金メニューのほか、タイム・オブ・ユース（TOU）という料金プログラムを提供しています。日本でいえば季節別時間帯別料金です。さらに、サービス名称「スマートレイト」、いわゆるクリティカルピークプライシング（CPP）と呼ばれるメニューを追加することもできます。7〜9月の電気料金を1キロワット時当たり3¢割り引く代わりに、その期間のうち、PG&Eが指定する9〜15日間の午後2〜7時の料金が60¢上昇するプログラムで、高い料金を割り当てる日には、携帯電話や電子メール、または電話で通知されるので、顧客はその時間の電力消費を抑えれば、コストを抑えることができるというものです。これは電気料金型のDRといえるでしょう。

PG&Eではこのほか、自動的に家庭内のエアコンを15分間隔で直接制御する「スマートAC」というDRプログラムも用意しています。

❖防災対策としてのマイクログリッド

第1章でも述べましたが、米国では、ハリケーン・サンディなどの影響で、防災対策としてのマイクログリッドに注目が集まっています。コネチカット州の事例はコミュニティー型のマイクログリッドですが、そのほか、大学や軍施設などでの取り組みが牽引しています。

大学では研究開発における安定供給確保や施設内のエネルギーコスト削減に向けて、さまざまな取り組みが行われています。例えばイリノイ州工科大学では、停電防止を目的に、電力会社エクセロンが主導してマイクログリッドプロジェクトを実施し2013年度に終了しました。再生可能エネルギーや蓄電システム、電気自動車充電システムの統合、デマンドレスポンス（DR）などを柱とするものでした。同様の取り組みがカリフォルニア大学サンディエゴ校やハワード大学などでも実施されています。

また国防総省とエネルギー省は、軍施設へのマイクログリッド導入イニシアチブ「ネット・ゼロ・エナジー・インストレーション（NZEI）」を作成。それに基づき、マイクログリッド化が進められています。多様な再生可能エネルギー源を導入することで、外部電源からの電力供給に依存しない、自給自足の電源調達を目標にしているということです。パイロット候補地となったフォート・カーソン陸軍基地では、このイニシアチブを展開した場合、エネルギー消費量が92%削減できると試算されています。

ここで注意すべきことは、大学や軍の基地での防災対策としてのマイクログリッドにはコストが度外視されていることです。万一の災害時のリスク回避が、コストを上回ると説明できればよいという考えに基づいています。

米国におけるマイクログリッド実証としては、NEDOが米ニューメキシコ州政府および米エネルギー省（DOE）傘下のロスアラモス国立研究所およびサンディア国立研究所などと協力して行った、米ニューメキシコ州で実施のスマートグリッド実証事業があります。

ロスアラモス郡では、需要約2000〜5000キロワット規模の配電網に1000キロワットの太陽光発電を導入し、1800キロワット規模の蓄電池を利用して、太陽光発電の変動を吸収するマイクログリッド運用の実証や、モデルスマートハウスを使っての住宅レベルの蓄電池も使い、太陽光発電の余剰電力を吸収するなど、電力ネットワークとHEMSの協調運転などを実証しました。また、約900軒の住宅が参加したDR実証も実施しています。アルバカーキ市では、既存ビルに、ガスエンジン、燃料電池、蓄熱層などを導入し、電力を自活できるビルを構築。系統停電時には、独立して電力供給できるビルシステムの実証を行っています。

❖ハワイでは日米共同でスマートグリッド実証

日米のスマートグリッド実証としては、NEDOがハワイ州マウイ島で実施しているスマートグリット実証事業もあります。電気自動車（EV）を活用し、島内の電力システムに適するスマートグリッド技術の検証を2015年3月末まで実施します。分析・評価結果を基に、マウイ島と同様の環境をもつ島々や亜熱帯地域に対し、低炭素社会を実現するシステムとしてビジネスモデルの構築・展開を図るということです。このように日米での共同研究も進んでいます。

2. 欧州の動き

欧州は地球環境問題に熱心に取り組み、再生可能エネルギー導入などを率先して進めてきました。

２００７年には、２０２０年までに温室効果ガス排出量を１９９０年比20％削減、再生可能エネルギーの割合を20％、エネルギー効率を20％向上するという、「ＥＵ20-20-20」と呼ばれるエネルギー・気候変動政策を採択しています。２０１０年にはＥＵ成長戦略「ＥＵ２０２０」にスマートグリッドの導入と、域内における相互接続の強化などをうたっています。２０１４年10月には２０３０年までの目標も設定しました。

第1章でも述べましたが、スマートグリッドの取り組みは、２００５年発表した「将来の電力ネットワークのための『技術プラットフォーム』構想の概要と骨子案」に始まります。欧州の送配電システムの効率やセキュリティーを向上させるとともに、分散型電源や再生可能エネルギーの大規模導入によって発生する問題を解決することを目的に、プラットフォーム「スマートグリッズ」が設立されました。次世代電力ネットワークを表す名称に「スマートグリッド」が登場したのはこの時です。

そして２００６年には「将来の欧州電力系統のためのビジョン・戦略」を取りまとめています。課題として①電力系統の運用の最適化、②電力系統インフラの最適化、③太陽光発電や風力発電などの大規模な出力の不安定な発電の系統への接続（連系）、④情報通信技術、⑤配電自動化、⑥新たな市場の創出、エネルギー効率の向上――などをあげています。

その後も、2011年には「スマートグリッド　革新から導入へ」と題する勧告を採択し、普及に向けた政策を発表したほか、エネルギー効率化に向けた政策も発表しました。

❖風力の見込み違いで大停電に

こうした背景には、欧州が地球温暖化対策として進めてきた再生可能エネルギー普及拡大により、電力ネットワークに重大な障害が起き始めていたことがあります。

2006年には欧州11カ国に及ぶ大停電が発生しました。

事の発端はドイツのエムス川にかかる38万ボルトの送電線2回線の停止です。エムス川には、ドイツの2つの電力会社E・ONとRWEを結ぶ連系線がかかっていますが、大型客船が航行するというので、規定通り送電を停止することにしたのです。ところが客船の通過が当初予定の深夜2時から午後10時ごろと数時間前倒しになりました。風力の発電量をも予測して送電停止を計画していたのですが、実際の風力の発電量はまったく異なってしまいました。

このためエムス川の連系線の送電を停止してすぐ、E・ON管内の別の38万ボルト送電線に大量の電気が流れるようになり、両社の間の別の連系線の電力潮流（簡単に潮流ともいいます）が増加しました。そのレベルはRWE側の設定では上限値に近づいていました。管理基準の異なるE・ON側の設定ではまだ余裕がありましたが、RWEから指摘を受けたE・ONは、その送電線の潮流を減らすためにつなぎ換えをしました。しかし、あらかじめ想定していた潮流の向きが実際と違っていました。

欧州の電力ネットワークは、日本のくし型と異なり、メッシュ状になっています。潮流の向きが違っていたために、つなぎ換えにより迂回させるはずの電気がその連系線に回り込んで、潮流がさらに増加。このため、RWE側の安全装置（保護リレー装置）が働いてその連系線を遮断しました。その結果、潮流が不安定になり、周波数が不安定となり、風力発電から次々と発電所が脱落していってしまったのです。風力発電は周波数がある程度不安定になると系統から切り離す設定になっています。風力発電の脱落により電力不足が生じ、さらにドミノ倒しのように停電が拡大し、停電範囲はドイツ国外へと及び、最終的には11カ国に影響が出ました。復旧には最長2時間程度かかったそうです。

欧州大停電の背景には、既存の送電ネットワークに大量の風力発電の電気が入ったことで、送電容量の限界に近いところで運用されていることに加え、メッシュ状のネットワークであるために、風力発電の電気がどこにどれくらい流れているか事前に予測することが非常に難しく、結果として、各送電線に流れる電気の量が事前に予測できなくなったことがあります。

❖ますます綱渡りになるネットワーク運用

2008年11月、ドイツ東部の風力発電が大量に発電したために発生した事象は、停電には至らなかったものの、このような事象が多数発生し、当時、同地域の送電ネットワークをコントロールしていたドイツ・ベルリンの送電会社ヴァッテンフォール・トランスミッション（VE—T）の経営が悪化。最終的には買収されるに至りました。

VE—Tエリアの最大需要1100万キロワットに対し、発電設備は従来型の集中型電源が950万キロワット、再生可能エネルギーが800万キロワット。再生可能エネルギーの約半分が風力発電でした。電気が大量に余るので、風力発電による電気をドイツ南部の送電会社E・ONに輸出しますが、そのためにはこの2つの送電会社をつなぐ連系線に、それなりの空き容量が必要になります。

風力発電が予想以上に大量に発電したこの日、連系線容量が足りなくなりました。風力発電がドイツ南部に送ることのできる容量を超えて発電してしまったのです。VE—Tは仕方なく、ドイツ南部ではなく、東側にあるポーランドに輸出することにして、ポーランドの火力発電所に出力抑制を、E・ONに南ドイツ側の火力発電所の出力増を依頼しました。電気が不足する地域（ポーランド）と電気が余る地域（ドイツ南部）を強制的に作り出し、ドイツ側からポーランド側へ電気を押し出すようにしたのです。そうすればドイツ南部からVE—Tに向かって電気が流れるので、風力発電からドイツ南部への送電量を相殺することになり、E・ONへの連系線を流れる電気の量が減るわけです。この調整には20〜30分程度の時間が必要になります。

VE—T側はポーランドの火力に料金を払うとともに、ドイツ南部のE・ONにも余分の燃料費や協力金を支払わなければならず、高い調整費となってしまいました。

このときは、ネットワークに事故は起きませんでしたが、落雷などが発生していたら大停電を起こす可能性もありました。

現在では、さらに再生可能エネルギーの普及が進んでいます。2012年の数字を見ると、欧州全体で風力発電は2005年の3倍弱、太陽光発電は30倍になっています。特にドイツ北部やベルギー沖、スペインなどで風力発電の導入が進み、またイタリア南部やドイツでも太陽光発電導入が進んで、電力ネットワークにさまざまな問題が発生しています。

ドイツでは2013年4月3日午前6時ころ、急に広範囲に霧が発生し太陽光発電出力が急激に予測値より900万キロワット低下し、2000万キロワットの発電予測が実際は1100万キロワットになったのです。この時、全国の火力発電所から出力を増やしてもらいましたが、それでもこの不足分を補うことができずに、国際連系しているスイスやオーストラリアから電力を輸入して、ようやくことなきを得ました。もし、現在の倍の太陽光発電が設置されていたら、大規模停電につながっていたことでしょう。他国と国際連系していない日本の場合、このような再生可能エネルギーの急速な発電量の低下について、十分な予備力を確保しておく必要があることは言うまでもありません。

2015年3月には、欧州で日食があります。晴れていれば、日食により太陽光発電の出力が1時間当たり1800万キロワットも変化するとみられており、これにどのように送電事業者（TSO）が需給運用をするのかが注目されています。

ＥＵは２０１１年４月、スマートグリッドの普及に向けた計画を発表し、ＥＵ全体でスマートメーターの設置率を20年までに域内全世帯の80％以上にまで引き上げるとしました。２０１２年までに送電網やスマートメーターの設置だけでなく、電気自動車（ＥＶ）の充電システムのＥＵ基準策定を目指すことも、同計画で言及しています。しかし、現在、ドイツでは、自動車メーカーのＥＶ開発に対する興味が失われている状況になっており、ＥＶのスマートグリッドへの適用の研究開発が滞っているようです。

❖欧州全域で連系線強化へ

欧州では現在、送電線建設、スマートメーターの普及、スマートグリッドプロジェクト、さらに電力取引市場の活用との展開などの取り組みが行われています。

２０１１年に欧州委員会（ＥＵ）は、欧州の交通、エネルギー、情報通信インフラを強化する包括的政策パッケージをつくり、その中で既存送電線の老朽化や再生可能エネルギーの大量連系に対して、新たに送電ネットワーク、特に海底ケーブルも含めた国際連系線を欧州大で増強することを示しました。これらの設備を欧州連系設備（Connecting Europe Facility＝ＣＥＦ）

図5-6　EUにおける電力ネットワーク共同プロジェクト

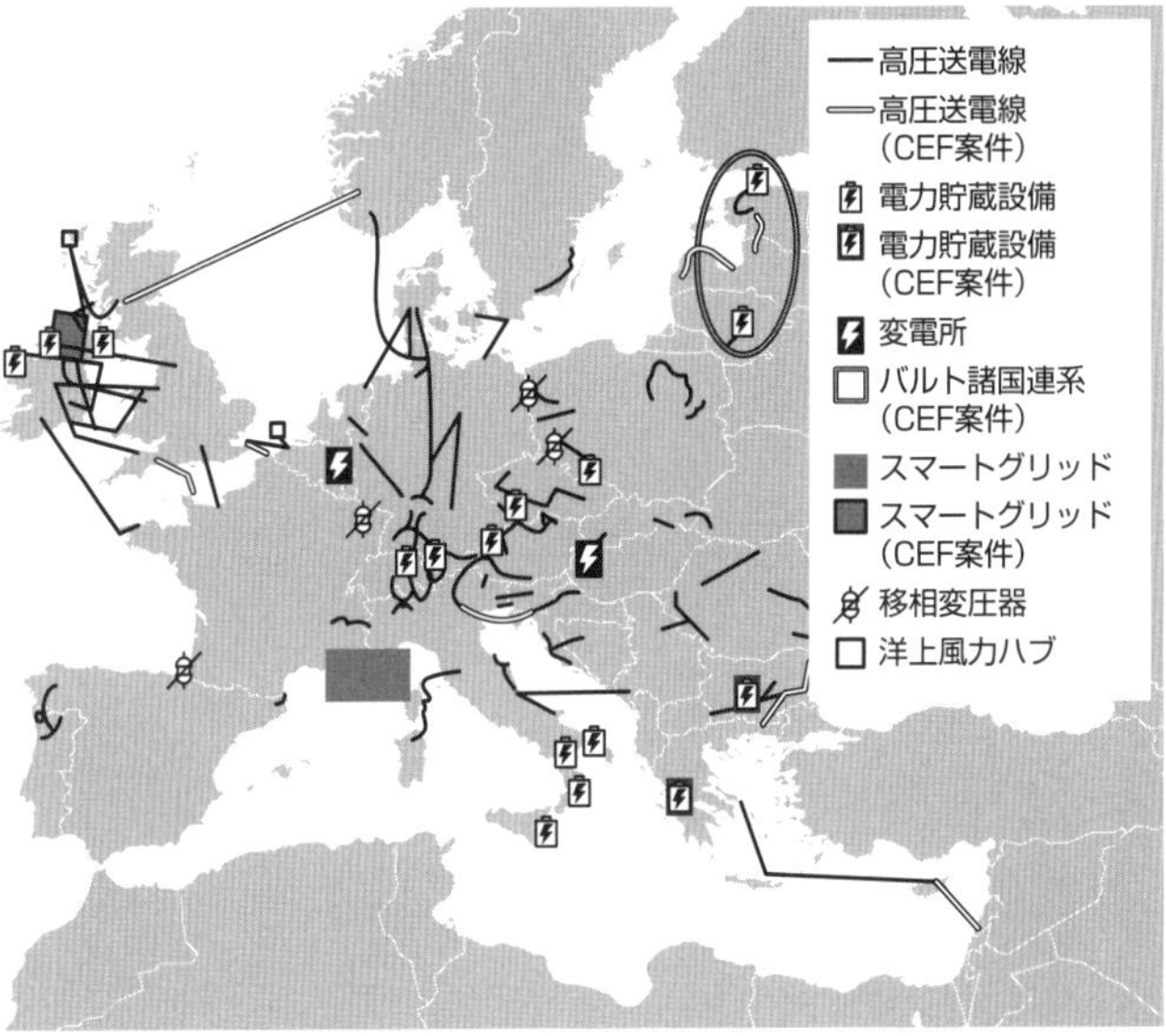

出典：EUホームページ

と定義して、各国の公的な支援を仰ぐようです。電力インフラ関係の必要投資額は総額で１５００億ユーロと見積もっており、とても民間だけで負担できるものではなく、２０１３年に、財政的な公的支援の枠組みに合意しました。しかし、その支援は、財政難から期待した額の１割程度になっています。

一方、民間でも、欧州に導入される大量の再生可能エネルギーを各地へ送電し、それによって電力需給バランスをうまく取ることによって供給安定を維持し、欧州の単一電力市場を構築することに貢献しようとする全欧州の送電ネットワークを「スーパーグリッド」と名付けてその実現に向けて活動を行っています。送電技術の中でも、特に高電圧直流送電技術（ＨＶＤＣ）とそれを取り巻く関連技術を推進する団体「Friends of the Supergrid」が設立されています。ここでは、単に異なる国の特定地点間の直流連系ではなく、欧州全体に導入される再生可能エネルギーを欧州全体のエネルギーベストミックスそして低炭素化実現のために欧州各地に送電し、供給信頼性も高めながら欧州単一市場を構築していこうとしています。

❖スマートグリッド実証試験も

スマートグリッドについては、日本の４地域実証のような、地域の電力ネットワークのバランスを取る実証プロジェクトも複数行われています。大きいものの一つに欧州スマートグリッドコンソーシアム「グリッド４ＥＵ」があります。フランス、ドイツ、スペイン、イタリア、チェコ、スウェーデンの６つの配電会社（ＤＳＯ）が、それぞれ実証試験を行っています。

その一つ、フランスではニースで実証試験を実施しています。大量の太陽光発電が導入されていて、高圧送電線に逆潮流する状況ができています。このような太陽光発電を平滑化するた

図5-7　欧州におけるDRの取り組み

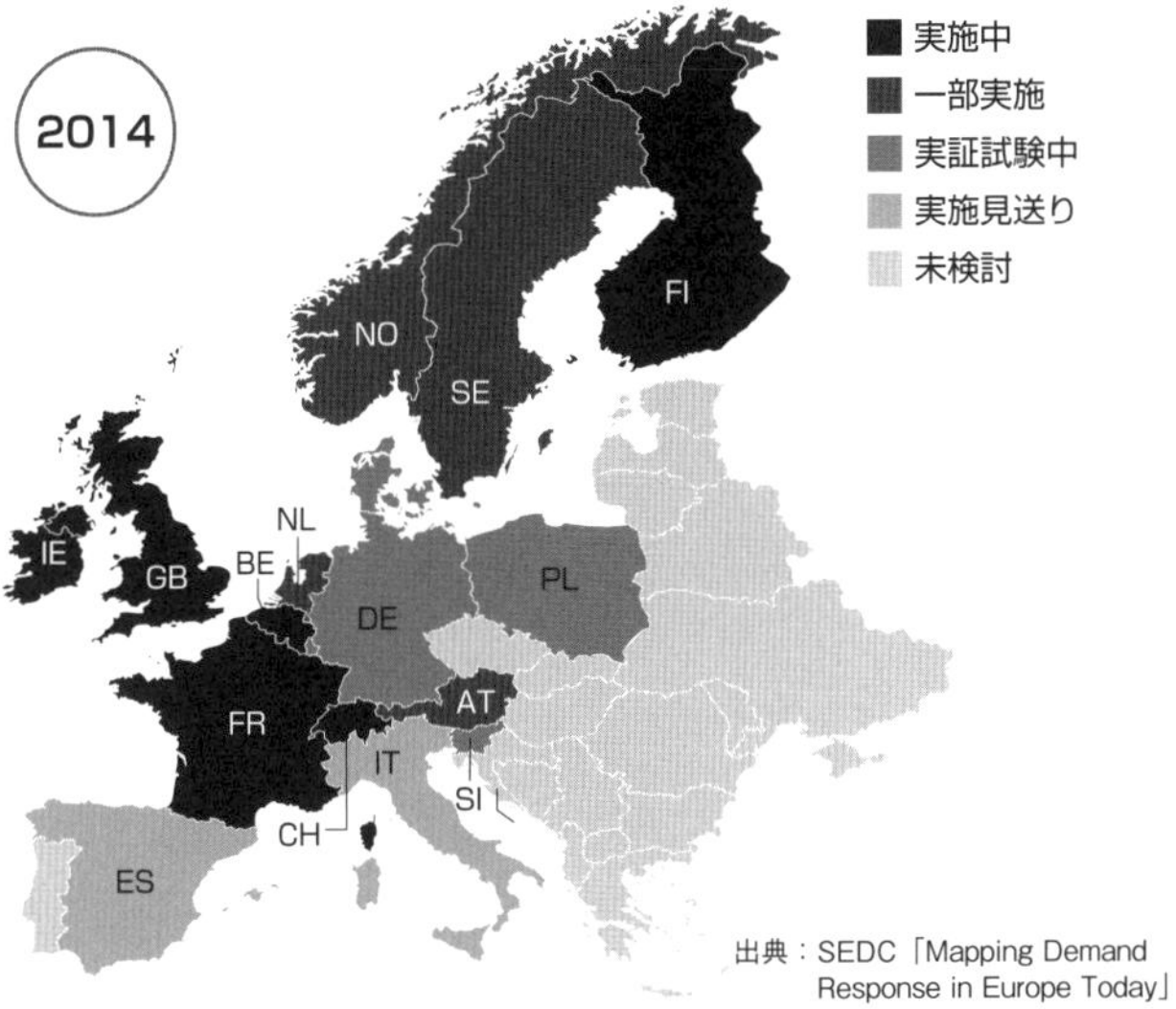

出典：SEDC「Mapping Demand Response in Europe Today」

め、電力会社はアグリゲーターを通して給湯システムや製造ライン、蓄電池などのスイッチのオンオフなどによる需要制御を行っています。フランスでは、原子力比率が高いこともあって、夜間を安くする料金プログラムが標準ですが、実証地域では午後を安くするなどの料金プログラムを適用しています。

スマートメーターについては欧州ではイタリアが最も早期に導入しました。第4章で述べましたので、重複は避けますが、スマートメーターから新たなビジネスを生み出すのは、今後の課題のまま残っていると言っていいでしょう。

また欧州でもDRへの取り組みが開始されました。スマートエネルギー需要家連合（SEDC）によれば、ベルギー、英国、フィンランド、フランス、アイルランド、スイスでDRが行われています。また、オーストリア、オランダ、ノルウェー、スウェーデンの4カ国ではDRが部分的に認められています。

❖FITの弊害も現れはじめるドイツ、スペイン

ところで、固定価格買取制度（FIT）などにより再生可能エネルギーが欧州の中で最も急速に進み、普及しているドイツですが、欧州大停電やその後に紹介した事例も、端を発したのはドイツの風力発電です。再生可能エネルギーの普及は年々拡大しており、当時よりその弊害は大きくなってきています。

最近では再生可能エネルギーを優先するために、火力発電所の競争力が低下。火力発電所の維持が難しくなってきました。ドイツは石炭の産地なので石炭火力も多いのですが、古い設備が大半です。そもそも、火力発電も定格出力が最も発電効率がよいのですが、再生可能エネル

ギーの比率が高まったために、出力は低く抑えられています。調整力として毎日稼働・停止を繰り返すＤＳＳと呼ばれる運用を行っているため、設備も傷んできます。

再生可能エネルギーが優先的に供給され、火力が低負荷運用を強いられているために、現在では、最新鋭のガス火力ですら競争力を失ってきているといいます。よって、ドイツでは火力発電所の維持方策について議論が起こっており、閉鎖を決定した後、２年間は政府が補償するので維持してほしいとか、米国のように、供給力を確保するために、容量市場をつくるべきといった議論が行われています。

先ほども述べましたように、風力発電はドイツ北部にありますが、需要地はドイツ南部です。従来型の発電所は需要地近郊に設置されています。北部から南部への送電線を増強する計画はありますが、送電線建設への環境団体や市民団体の反対運動があり進んでいません。火力の不採算状態が続けば、閉鎖を決めている原子力発電所に続き、火力発電所も閉鎖となる可能性もあり、その場合、ドイツ南部で電力不足が起きる可能性があります。

その象徴ともいうべき出来事がありました。ドイツ最大手の電力会社Ｅ・ＯＮは、２０１４年12月、再生可能エネルギーに本格的に乗り出すとともに、原子力事業や火力事業を別会社化すると発表したのです。

ドイツでは再生可能エネルギーの導入拡大により余剰電力が発生。卸電力市場で電力価格が下落し、隣国に安い価格で販売することを余儀なくされています。2008年9月以降は、電力価格をマイナスにしないと余剰電力を買ってもらえないケースも発生しています。お金を支払ってでも余剰電力を引き取ってもらうわけです。もし余剰電力を引き取ってもらえないと、原子力発電や火力発電を停止することになりますが、発電所の起動・停止には余剰電力の有料引き取りコストを上回るコストがかかり、損害がより大きくなってしまいます。E・ONの決定は、このような状況で、原子力発電だけでなく、火力発電においても採算が合わなくなってきたことが背景にあるとみられています。

欧州は隣国と送電ネットワークがつながっているため、必ずしもドイツ一国ですべての調整力を持たなければならないわけではありません。しかし、すでに隣国のポーランドやチェコに悪影響を与えている中で、最大の電力会社が火力など従来型の発電部門を不採算部門として切り離す方針を打ち出したことは、ドイツにおける火力発電の維持の難しさを物語っています。

スペインでもＦＩＴにより風力発電が大量導入され、約４０００万キロワットの最大電力に対し、約２３００万キロワットの風力発電が導入されています。発電量でも約20％を占めています。

欧州との連系線が脆弱なスペインでは、再生可能エネルギーに特化したコントロールセンターを導入し、１０００キロワット以上の設備については12秒ごとに発電量を把握し、１万キロワット以上の設備についてはコントロールセンターで直接制御を行っています。風力発電量を予測するシステムも開発し、短期的には精度も高いようです。太陽光発電も急増していますが、風力と同様の制御や予測を行っています。これにより再生可能エネルギーの電力が総需要の40％程度になってもコントロールできているようです。

しかし経済面では問題があります。再生可能エネルギー買い取りにかかる負担は、日本と同様、賦課金として国民が負担することになっていますが、当初予定をはるかに超える導入量であったことに加え、経済危機の中、政治的理由で完全には回収できなかったことから、電気事業者の赤字が拡大。その結果、２００８年ごろからＦＩＴの見直しが行われ、２０１２年には既存設備も含めた買取価格の値下げ、新規設備に対する補助金への入札制度導入に至りました。

こうした変更に対して再生可能エネルギー発電事業者から訴訟も起こっています。

スペインは系統安定化には成功しましたが、制度としてのFITは経済的に破綻したといえるでしょう。

3. オーストラリアの場合

オーストラリアでは再生可能エネルギーの支援策は特にないものの、ここ数年、太陽光発電システムの価格の低下から、家庭における太陽光発電の導入が進んでいます。南オーストラリア州では世帯普及率は25％を超え、需要の半分を賄っている時もあるそうです。

これに伴い、配電ネットワークの電圧や周波数、位相などの管理の問題が生じています。電力会社の経営にも問題が生じています。ピークロードの減少は、暑い夏の午後のピークを平準化する効果はありますが、電力会社の収入は下がってきます。しかし、電力会社は規制されているので、電気料金を上げるわけにいきません。

配電ネットワークの安定に向けて、太陽光発電設備を制御するか、または需要の大半を占める空調を制御するかということで議論が起きています。一方、経営面では、電力会社維持のためにも規制緩和や新たなビジネスモデルが必要ではないかという議論が行われているようです。

欧米では再生可能エネルギーの優遇策があって導入が進みましたが、オーストラリアのように、今後は、特に優遇策がなくても再生可能エネルギーの導入が進む可能性があります。発展途上国では、電力ネットワークのない地域に再生可能エネルギーで電化を進める例もあります。

今後は、世界各地で自然発生的に再生可能エネルギーが普及していくようになるでしょう。その時、電気を安定的に利用しようと思えば、何かしらのスマートグリッド技術の導入が欠かせないのです。

第6章

電力システム改革とスマートグリッド

❖電力システム改革の論点

経済産業省総合資源エネルギー調査会において、日本の電気事業のあり方を見直す電力システム改革の議論が進んでいます。

2013年4月に閣議決定された「電力システムに関する改革方針」と、電気事業法の改正に基づき、電力システム改革は3段階で実施されることになっています。2015年4月には各地の送配電事業者を束ね、全国的な電力ネットワークの運営を行う「電力広域的運営推進機関」(広域機関)が業務を開始します。また2016年4月からは電力小売りが全面自由化され、家庭でも電力会社を選ぶことができるようになります。さらに2018~2020年をめどに、現在の電力会社の送配電部門を法的分離することになっています。電力ネットワークの中立性を一層高めることが目的です。

従来の電気事業体制が大きく変わるわけですが、新たな電気事業体制の中で、スマートグリッドをどう実現していくのか、またどのような役割を果たしていくのかを考えてみましょう。

2015年4月に運営を開始する広域機関は、全国の送配電事業者を束ね、電力需給計画や

表6-1　電力システム改革のスケジュール

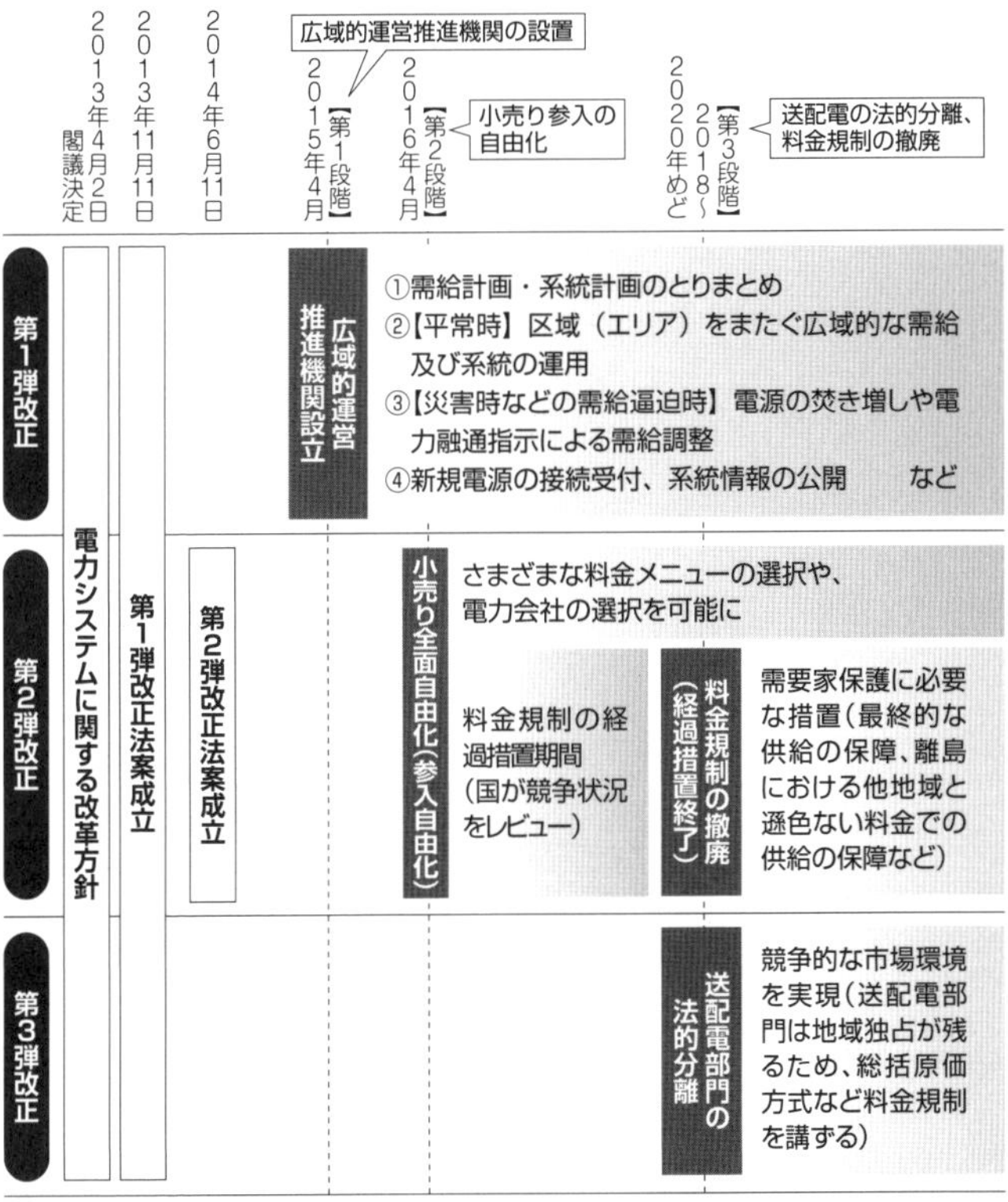
2013年4月2日 閣議決定
2013年11月11日
2014年6月11日
広域的運営推進機関の設置
2015年4月【第1段階】
2016年4月【第2段階】
小売り参入の自由化
2018～2020年めど【第3段階】
送配電の法的分離、料金規制の撤廃
第1弾改正
第2弾改正
第3弾改正
電力システムに関する改革方針
第1弾改正法案成立
第2弾改正法案成立
広域的運営推進機関設立
①需給計画・系統計画のとりまとめ
②【平常時】区域（エリア）をまたぐ広域的な需給及び系統の運用
③【災害時などの需給逼迫時】電源の焚き増しや電力融通指示による需給調整
④新規電源の接続受付、系統情報の公開　など
小売り全面自由化(参入自由化)
さまざまな料金メニューの選択や、電力会社の選択を可能に
料金規制の経過措置期間（国が競争状況をレビュー）
料金規制の撤廃(経過措置終了)
需要家保護に必要な措置（最終的な供給の保障、離島における他地域と遜色ない料金での供給の保障など）
送配電部門の法的分離
競争的な市場環境を実現（送配電部門は地域独占が残るため、総括原価方式など料金規制を講ずる）

系統計画を取りまとめ、需給や系統の広域的運用や需給逼迫時の措置など強力な権限を持つ組織です。再生可能エネルギーの導入が拡大した際の連系線や基幹系統の潮流管理なども行います。

2016年4月の電力小売り全面自由化によって、家庭部門など50キロワット以下の契約においても規制が撤廃され、電力会社が選べるようになります。これに伴い電気事業は「発電」「送配電」「小売り」の各事業区分に再編されることになります。

小売り部門に通信会社やガス会社が参入すれば、通信料金やガス料金とともに電気料金を回収するようないわゆるワンストップサービスなどのビジネスも出てくるでしょう。スマートメーターは電力会社の送配電部門が設置することになっており、新規参入の小売り事業者も、スマートメーターの情報を受けることができます。DRアグリゲーター（需要家を集めてデマンドレスポンスを実施する事業者）も家庭部門を顧客にできることになります。新規の小売り参入事業者がアグリゲーターとなってデマンドレスポンス（DR）も行うことで、これまでにない低廉な電気料金でのサービスが出てくるかもしれません。

また2018～2020年までに予定されている電力会社の送配電部門の法的分離に至ると、本格的な競争環境が生まれることになります。そのときに、スマートグリッドはどのような役割を果たすのでしょうか。また、課題は何でしょうか。

今回の電力システム改革には新たな需要抑制策、需要家の選択肢拡大、供給多様化、競争の促進と市場の広域化、安定性と効率性の両立という5つの論点が挙げられていました。さらにこれを細分化すると、次の10の論点がありました。

◆論点1――スマートメーターの整備を進め、需給逼迫時に市場メカニズムを通じた需給調整機能を強化

◆論点2――小口小売り部門についても、大口分野と同様、需要家が選択できる仕組みを導入

◆論点3――卸電力市場の活性化

◆論点4――再生可能エネルギーやガスコージェネレーションの活用も含めた分散型エネルギーの活用

◆論点5――適切な予備力を確保し、安定的に供給力を確保するための仕組みが必要

◆論点6――電力会社間の競争促進へ供給区域を超えた電力供給に関する障壁の撤廃や卸電力取引市場を通じた競争活性化が必要

◆論点7――既存の供給区域を超えた広域での系統運用や需給調整を行うための仕組みが必要

◆論点8――送配電部門の中立性を確保し、電源間の公正競争のため、会計分離の徹底、法的分離、機能分離、所有分離などさらなる送配電部門の中立化を行う

◆論点9――市場メカニズムの活用による競争の徹底に際しては、安全性の確保、適切な送配電投資の確保、ユニバーサルサービスの確保、供給責任の確保などに対応する仕組みの再構築が必要

◆論点10――多様な主体の参画により複雑化する設備形勢や系統運用上の技術的課題を克服しつつ安定性と効率性を両立する新たなシステムを構築することが重要

❖広域機関　電力ネットワークを全国大で運用

現在進行中の電力システム改革は、東日本大震災以降、10電力体制による全国融通がうまく機能しなかったという評価がなされたことから、推進されることになりました。

第1段階の広域機関の設立は、論点6、7を解決すべく実施されるものです。東京直下型地震や南海トラフ地震などで被害を受けた場合に備え、全国大での電力ネットワークの運用を強化するのが目的の一つになっています。

東日本大震災直後に発生した電力不足では、東日本地域と西日本地域で周波数が異なるために、連系線を通じて西日本地域から供給できたのは、当時の周波数変換所容量である最大

１００万キロワットでした。しかし、連系容量とは別に、東京電力と中部電力の境目には50ヘルツ／60ヘルツの切り替えができる発電所もあり、少しでも多く東日本地域に供給しようと、中部電力側で切り替えを行って供給するなど、電力会社もできることはすべて実施したのですが、東京電力エリアの計画停電は避けられませんでした。これによって広域運用はうまく機能していないと評価されることになってしまいました。

東西の連系容量は、現在は１２０万キロワットに拡大しています。今後は２０２０年までに２１０万キロワットまで拡大しようという事業が進んでいます。それ以降もできるだけ早期に３００万キロワットまで拡大すべきという提言が２０１２年、経済産業省の地域連系等の強化に関するマスタープラン研究会の中間報告書で示されています。２０１５年４月の広域機関設立以降は、広域機関がこの連系強化の検討を行うことになります。

また東西の連系線だけではありません。これまで電力各社は自社の需要について安定供給に必要な供給力を確保するよう努力してきました。供給エリア内の電力ネットワーク整備が第一であり、系統運用は基本的に供給エリア内が対象です。しかし、風力発電や太陽光発電など発電量が変動する電源が多数導入されると、供給エリア内だけで調整するのは難しくなってくる

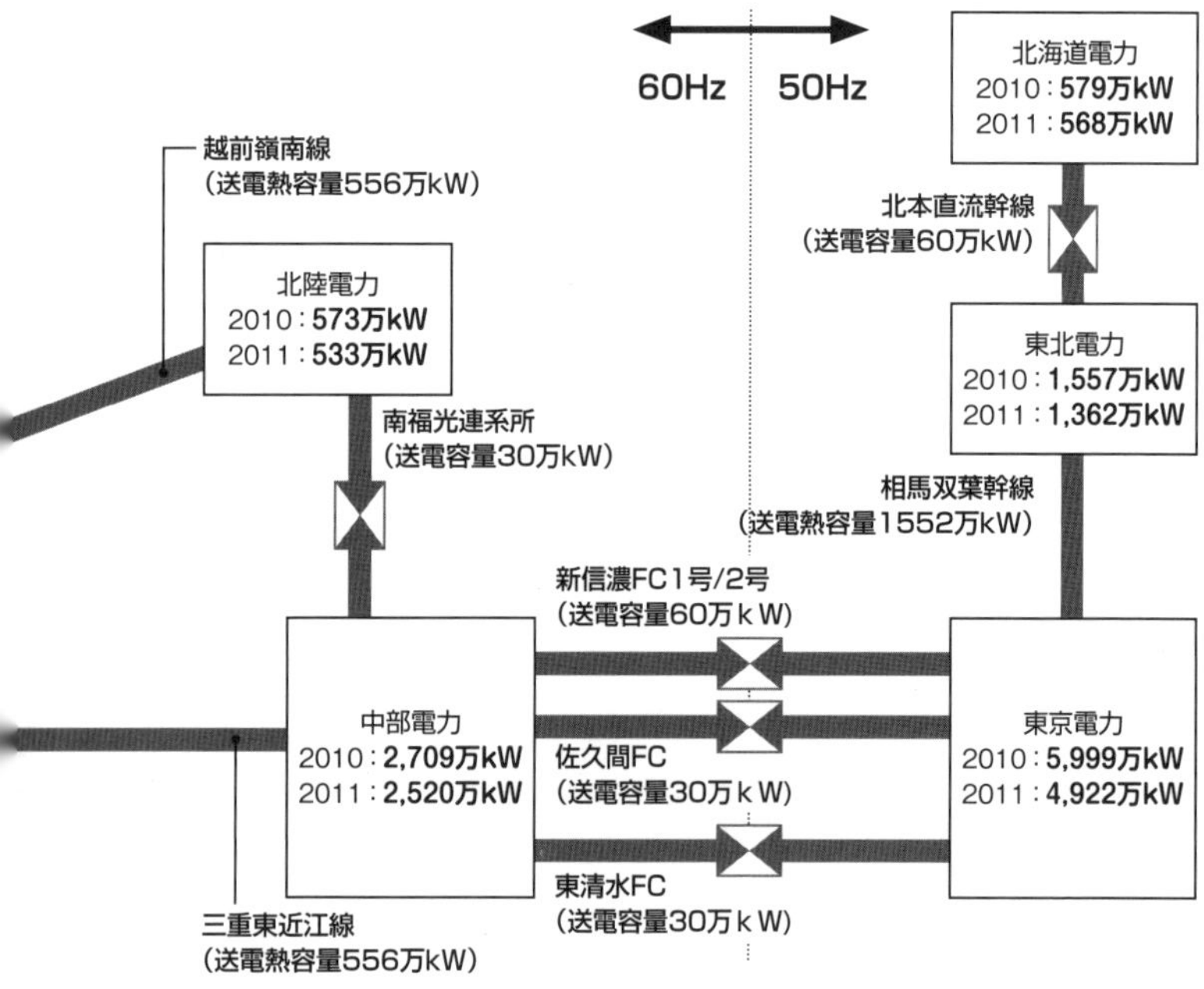

ことが予想されます。既に、太陽光発電や風力発電の適地とされている北海道や東北では調整が難しいため、連系線を使って東京に電力を流し、北海道や東北の火力発電量を増やして、調整容量を増やそうという実験が計画されています。

マスタープラン研究会では、東日本大震災を踏まえて、東西の連系容量を増強して災害対策を強化するとともに、再生可能エネルギー導入拡大のため、需要が大きくかつ再生可能エネルギーの導入

図6-1 日本の連系系統の構成

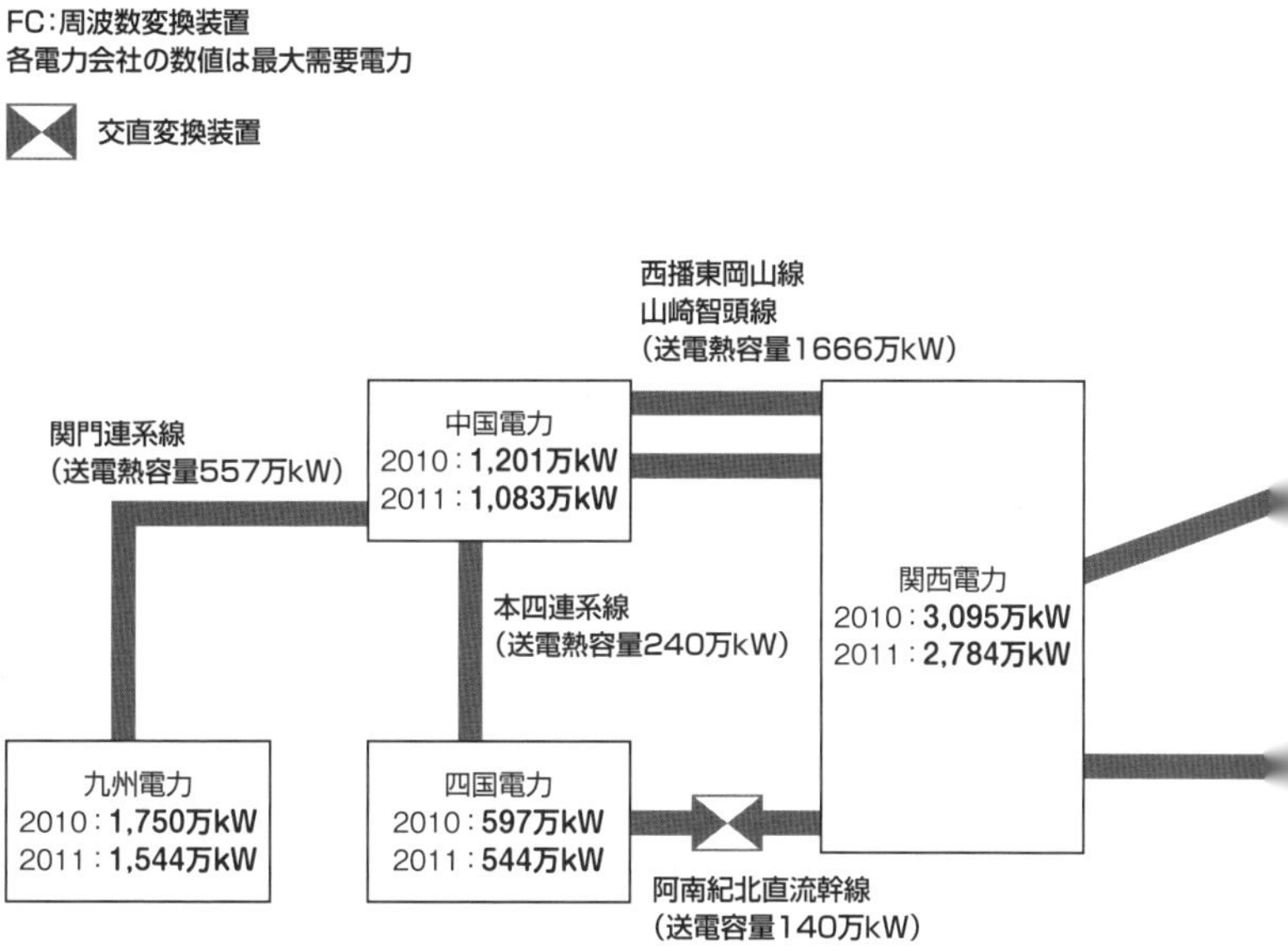

出典:地域間連系線等の強化に関するマスタープラン研究会中間報告書

量の割合が小さい東京電力などの大規模電力ネットワークで再生可能エネルギーの変動を吸収するため、地域間の連系線を増強し、再生可能エネルギー導入拡大への障害を取り除くようにする方針を打ち出しています。

❖分散型電源活用と需要抑制で電力不足解消へ

また、東日本大震災後の計画停電、その後の節電の経験によりスマートメーターの導入を急ぐことになりました。供給力不足を需要側の抑制で乗り切る方策を考えよという機運が高まりました。

そのため、新たな需要抑制策として、スマートメーターの導入、インセンティブ型DR実施が検討されています。需給逼迫時に活用することで、需給調整機能を強化しようというのが狙いです。従来は火力や揚水などの調整用電源の出力変動で行ってきましたが、需要抑制を加えることで調整能力を強化します。

東日本大震災後の電力不足はまた、大規模発電所から大規模送電網により需要地に運ぶというスタイルが、大規模災害の際にはリスクになるという考え方をもたらしました。論点4において掲げた分散型電源の活性化は、常時、再生可能エネルギーやガスコージェネレーションなどを活用することで、災害に強いネットワークを作ろうというのが狙いです。

❖ 全面小売り自由化で選択肢の拡大と新ビジネス創出

第2段階の小売りの全面自由化は論点2を具体化したものです。規制料金は選択制としてしばらく残りますが、全面自由化により規制対象の需要家がなくなります。

２０１６年４月からの小売り全面自由化はこれを実現するものです。これまで家庭部門などの小口需要家は規制部門として、地元の電力会社しか選択できませんでした。自由化により電力会社を選択できるようにし、競争を促すことで電気料金を低減しようという狙いです。

小売り全面自由化に伴い、電力会社が設置していたスマートメーターは、送配電事業者が所有することになります。新規参入の小売り事業者は、顧客と契約すれば、このスマートメーターの情報を使うことができるようになりますし、小売り事業者自身がアグリゲーターとしてDRを実施するというビジネスモデルも考えられます。論点1はここに関係してきます。

また、論点3の卸電力市場の活性化ですが、小売り分野の選択肢拡大のためには必須です。しかし電気が調達できなければ活性化も難しいということも事実です。長期的な設備投資が必要になる発電設備が十分供給されるかどうかは、小売り自由化後の市場動向に左右されるでしょう。

❖競争環境の整備と効率化の中での安定供給は？

第3段階の送配電の法的分離は、論点8を実現するものです。2015年の通常国会で電気事業法改正案が審議される予定です。

これで今回の電力システム改革の目的は達成されるわけですが、課題も多く残ります。それが論点9、10で指摘している点です。

電力自由化が進むと効率化を求めるため、従来の電力会社が行ってきたような長期的な視点から余裕を持った発電設備の整備は難しくなります。電力会社の発電会社でも、効率的な火力発電を持っているだけのほうが、従来のように老朽火力を温存しておくより効率がいいため、予備力がどんどん小さくなる可能性もあります。中・長期的な予備力をどう確保するかについての詳細な制度設計は、容量市場や電源入札制度を作って確保するという考え方が採用されると思われますが、安定供給に向けての予備力確保手法は課題となるでしょう。

❖複雑化する電力ネットワーク

電力システム改革の第3段階が終了して、東日本大震災を契機とする電気事業体制の見直しが完了することになります。この新たな電気事業体制の中で重要な役割を任うのが、これまでも述べてきた広域機関です。今後の詳細設計にもよりますが、これまでにない全国大の送配電ネットワークを取り仕切り、緊急時には命令も出せる大きな権限を持ち、最終的には予備力まで担うことになるかもしれない機関です。

広域機関は全国の系統計画や需給計画をまとめ、広域的運営を行います。需給逼迫時などの緊急時に措置を取りますし、系統情報の公開なども実施します。広域機関が全国の電力ネットワークを監視し、その下に各地域の中央給電指令所があるという階層構造の電力ネットワーク運用システムは世界に例のないものです。広域機関と各地の送配電事業者の運用が干渉しないようなシステムづくりが必要です。

第3段階の電力システム改革が実施され、発送電の法的分離が行われると、各送配電事業者の中央給電指令所に加え、発電事業者などによるバランシンググループの給電指令所ができることになります。バランシンググループは、計画値同時同量を実現するために発電事業者がいくつか集まって形成するグループのことです。全国の電力ネットワークの中にいくつもの給電指令所が重複して存在することになり、システム改革前よりも電力ネットワークが複雑化するため、システム面やハード面でのスマート化が必須になってきます。

また広域機関は東西連系線を含めた連系線や地域内の基幹送電線の増強についても取り仕切ります。東西連系線については、2020年以降には300万キロワット規模にするため、90万キロワットの増強を検討することになっていますが、電力自由化が進む中で、電力ネットワークの維持、増強に誰が資金を出し、実質的に誰が建設するのか、どう回収するのかなどの仕組みを決めていかねばなりません。

さらに長期の供給力確保も広域機関に与えられた役目です。従来、予備力は電力各社がそれぞれの需要の最大電力に合わせて保有していましたが、電力自由化で発電事業者が競争に晒されれば、設備投資を抑えることは必然の理です。維持費のかかる老朽火力を廃止し、新しい利益の出る効率の良い電源だけ持つという発電会社の選択肢は十分ありうるでしょう。

こうした状況下では、広域機関が作成する10年先の需給計画で電源が不足することが想定されます。その場合、入札をして電源をつくってもらわなければなりません。ここでつくられた電源も、予備力として活用されることになります。また老朽火力を廃止せず、普段は運転をせず維持費用をもらい、いざという時に発電するためのキロワットベースの市場、いわゆる容量市場も活用されるでしょう。

欧州のように太陽光発電や風力発電が大量導入され、昼間の再生可能エネルギーを除いた分のみかけの負荷（残余需要）が小さくなってしまうと、火力発電さえ保有する意味はなくなってしまいます。市場で高い価格をつけるはずのピーク電力がなくなってしまうのです。そうなると供給力（キロワット）への不安が高まってきます。ドイツの発電会社では火力発電を廃止する動きがあり、政府が2年間は廃棄を禁止する代わりにその対価を支払うという制度が検討されています。

このように、電力自由化が進むにつれ、予備力（キロワット）用の電源は、安定供給の責任が課されている各送配電事業者が容量市場で確保せざるをえなくなるでしょう。

❖スマートグリッド技術導入の主体は？

これまで述べてきたように、電力システム改革の進展に伴い、電力ネットワークが抱える課題はさらに複雑化し、スマートグリッド技術の役割が重要になってきます。その場合の最大の問題は、スマートグリッド技術を誰が導入するのか、その費用を誰が持つのか、という点です。

東日本大震災と東京電力福島第一原子力発電所の事故以降、全国の原子力発電所が停止し、総発電量に対する原子力発電比率はゼロになりました。再稼働後も以前のような総発電量の約3割という水準には戻らないことが予想されます。不足分をまかなっているのは主に火力発電ですが、太陽光発電や風力発電も再生可能エネルギー固定価格買取制度（ＦＩＴ）の導入で、当初想定以上のスピードで普及が進んでいます。こうなると周波数変動が大きくなります。再生可能エネルギーの比率が高まるほど火力発電の調整能力が足りなくなる可能性は高くなります。その場合、揚水発電所や蓄電池を使って調整しなければなりません。

揚水発電所は、経済運用だけでなく信頼度運用にも利用できます。経済運用とは原子力の安い電気を夜間に使って水を上の貯水池に汲み上げ、昼間のピーク需要の時に発電するような使い方です。信頼度運用とは、事故時など、突然、電源が落ちて供給力が不足し、発電機の回転が不安定になったり、周波数が変動した場合に、即座に系統を安定させるために発電したり止めたりする運用を指します。

このように、火力や揚水の発電出力の変動を調整し、周波数など電気の品質を一定に保つことをアンシラリーサービスといいますが、そのために必要となる揚水発電所や蓄電池の建設や運用の費用を誰がどのような形で負担するのかは、現段階では決まっていません。

揚水発電所については、法的分離後、所有権は発電事業者が持ち、信頼度に関する運用権は送配電事業者が持つことになると考えられています。

発電事業者は経済運用ができるならば揚水発電を所有することも考えられますが、そうでなければ保有する意味はないかもしれません。安い電気が調達できれば、揚水発電で余剰電力を使って水を汲み上げ、ピーク時間帯に発電し高値で売るということができますが、安い電気が調達できなければ赤字になります。自由化が進み、発電設備の利用効率が高まると、供給余力が小さくなっていくため、安い電気が生じるかどうかはわかりません。

一方、送配電事業者にとっては、風力発電や太陽光発電などが大量導入された場合に想定される急激な発電量の変動に対応するためには、揚水発電が必要になる面もあります。

さらに難しいのは蓄電池の問題です。再生可能エネルギーの発電量の変動を広域機関で調整するならば、蓄電池も広域機関が持つのでしょうか。それとも、各地域の送配電事業者が持つのでしょうか。その場合、コストは再エネ事業者が持つのか、託送料で取るのか、電気料金に新たに蓄電池枠をつくるのか。さまざまな考え方があります。

これに加えて、需給調整機能としてＤＲやネガワット取引など市場メカニズムを利用していくことになっています。新たにリアルタイム市場が創設され、さらに電気料金メニューにリアルタイム料金が用意されれば、電気料金が日や時間帯によって変わることで、電気の消費量を削減したり、ほかの時間帯に移したり、ほかの需要家や、小売り事業者、送配電事業者と消費削減分の取引、いわゆるネガワット取引をすることで、ピーク需要を抑制し、また調整力を確保していくような運用も可能になります。

ただ、その仕組みづくりは難しいものがあります。

例えばDRですが、確実に需要削減効果を得るためには直接制御が必要になります。またネガワット取引も、当初予定していた電気使用量を減らすことで報酬をもらうわけですが、「減少させた」という算定根拠が必要になります。ある工場が生産を削減した量を把握するには、何かしらの合理的な比較対象が必要なのです。現在、経済産業省の検討委員会でルールづくりが行われています。

このように、再生可能エネルギーの発電量の変化を含めた総発電量と、DRを含めた需要という、複雑化する電力需給のバランスを取っていくために、スマートグリッド技術は大変重要になってきます。ただ、その実現となると、ルール作りも含め、まだ課題は多く残されています。

ですから、当面の需給対策としては、現在ある需給調整契約をしっかり活用することが重要

表6-2　一般送配電事業者が提供するアンシラリーサービス

		業務
周波数維持	周波数制御	時々刻々の需給変動の調整（30分以内）
	需給バランス調整	発電・小売り事業者が確定した計画値（30分電力量）と実績値の差分の補正 ①電源脱落 ②需要見積もり誤差
		上記以外の差分要素 ③ FIT電源対策 ④大規模自然災害などの対策
その他（セキュリティー確保）		・潮流調整・系統保安ポンプ・電圧調整 ・ブラックスタート・系統安定化

出典：電気事業連合会資料

でしょう。需給調整契約とはあらかじめ契約を結んだ大口需要家に、需給逼迫時に消費抑制を求めるもので、需要家は消費を抑制する代わりに報酬を受けます。ただ実際には、なかなか発動できないという問題があります。電力自由化が進んでいく中で、市場メカニズムを通した需給調整機能強化も含めて体制が決まるまでは、現在の制度をもっと活用しやすい環境にしていくことが、電力安定供給の要となるでしょう。

再生可能エネルギーの発電量の変動については、電力会社の供給エリア内での調整に限界が出てきており、連系線を通し供給エリアをまたいだ調整が検討されていますし、今後、その方向での電力ネットワーク構築および需給制御が行われて行くことになります。その場合、エリア内での短周期変動と需要の変動を足し、調整力を超えた部分の変動だけを、連系線で調整先の他地域に送ることも一つの方策でしょう。

現在は、エリア内の需給バランスの変動はほかのエリアには波及しておらず、エリア内に納めるようにしています。例えば東北電力エリアの変動は東京電力エリアには波及していません。連系線は限られた資源なので、現在は30分間一定出力で使うのがルールなのです。

例えば、東北電力エリア内の風力発電の発電電力を変動も含めてそのまま東京電力に送ることにすると、連系線を使用している間、送電する予定の風力発電の最大出力の容量を確保しなければならず、空き容量がなくなってしまいます。風が吹かず風力発電が止まっている時でも同じ容量を確保しなければなりません。これでは、連系線を増強しない限り、東北電力エリアに発電所を持つ新電力（ＰＰＳ）が東京電力エリア内の顧客に電力を送れないという事態も発生してしまいます。

今後、エリアを越えて再生可能エネルギーの変動を調整するということになった場合は、連系線のある一部を変動電源用に確保しておくということになるでしょう。どのように確保するのかは広域機関で検討することになります。再生可能エネルギーからの電気が増加し、需要地である東京電力のエリアに送電しなければ需給調整できない場合、エリア内の基幹送電系統の

表6-3　各事業者に求められる系統安定化への役割

事業者等	責務	安定供給における責務
小売り事業者	自社需要に対する供給力確保	■ 気温の変化などによる需要の変動分も含めた自社顧客の最大需要に対応する「供給能力」の確保
発電事業者	販売先に対する契約上の供給責任	■ 小売り事業者との間で、電気の受給契約を結んでいる場合の供給義務 ■ 一般送配電事業者との間で、需給調整などに使用する電気の供給契約を結んでいる場合の供給義務
一般送配電事業者	エリアの周波数維持、セキュリティー確保	■ 実需給断面での周波数制御、需給調整、セキュリティー確保に必要な調整力の確保 ■ オンライン制御可能な電源（小売り事業者が確保した供給力の一部も含む）を用い、実需給断面で発生する需給変動に対応し、エリアの周波数を一定範囲に維持
電力広域的運営推進機関	全国のアデカシーの管理	■ 需給状況の監視において、過去の実績などに照らして需要に対する適正な供給力を確保する見込みがない事業者に対する指導・勧告 ■ 需給逼迫状況において、会員の供給力の増加や、電気の使用抑制などの指示・要請など［業務規程］

出典：電気事業連合会資料

容量が足りなくなることも考えられます。その場合は基幹送電系統の増強を行う必要が出てきます。

❖アンシラリーサービスとは

現在の卸電力市場には、1日前市場、4時間前市場がありますが、今後、4時間前市場に代わり1時間前市場が創設されることになります。

電力システム改革前は、各地域の電力会社が発電と需要の同時同量を実現してきましたが、新しい制度では発電側は発電の計画値の同時同量、小売り側は需要の計画値の同時同量それぞれを実現し、外れた場合はインバランス料金（ペナルティー）を払うことになります。計画値と乖離している場合、その差分は、エリアの送配電事業者が調整することになります。

送配電事業者は相対契約などで、実需給の1時間前までに電力需給の差分の調整力を確保しますが、最後の1時間に大きな変動が発生する可能性があるので、あらかじめ相対契約で確保しておいた予備力のほか、リアルタイム市場（前日に入札して決定、リアルタイムに使用する市場という意味）から、ガバナフリー容量、LFC容量、ネガワット容量を確保していきます。それでも不足する場合は、DRを実施し、直接、需要を抑制します。

一方、需要の計画値同時同量を実現しなければならない小売り事業者にとって、需要が急に変動した場合、供給力が確保できない可能性もあります。こうした場合においても電力品質を保つため、アンシラリーサービス用として、大規模電源にLFCやガバナフリー機能を義務づけることも考えられます。関西電力では現在、新規の独立系発電事業者（IPP）電源にはこの機能を求めています。IPPの発電機が、その機能の分は使わず余力として持ってもらう代わりに、アンシラリーサービスとして料金を支払っています。

DRと呼ばれる電気料金などによる制御、ネガワット取引、需給調整契約をうまく機能させるとともに、送電側のいわゆる再生可能エネルギーを広域に流通させて安定化していくシステムをつくる際には、新たな広域系統安定化技術が必要になってきます。

世界では、ＰＭＵ（電圧位相測定ユニット）を使ったＷＡＭＳ（ワイドエリアメジャメントシステム）が採用されています。ＰＭＵは電気量を計測でき、ＧＰＳで精密なタイムスタンプがつきますから、データが集まるといろいろなことができるようになります。これは系統側のビッグデータといえるものでしょう。日本では同様の内容を電力ネットワーク保護制御のための送電線の光ファイバー網やマイクロ波回線で実現していますので、ＰＭＵの導入が遅れています。ＰＭＵを用いたＷＡＭＳはタイムスタンプにより時間精度の良いデータが取れるため、このビッグデータを使って安定化制御に活用するのです。

ただ、ＰＭＵを導入した海外の送配電事業者も現在のところ、データの見える化はできているものの、用途は安定性の監視のみです。研究段階であるため、安定化制御までには利用していません。

日本では広域制御に事故波及防止リレーシステム（ＳＰＳ）を持っており、現在は、国際標準化して世界に広めていこうとしています。これにＰＭＵを絡めていく方針です。

第7章

実用化までに残される現実的課題

これまで見てきたように、現在、電気エネルギーを取り巻く環境は、地球環境問題に伴う再生可能エネルギー導入拡大、電力システム改革、原子力発電比率低下に伴う電力供給力不足、電気料金の上昇、エネルギーセキュリティー、今後の原子力発電の位置づけの不明確さまで、さまざまな課題が複雑に絡み合っています。これらのバランスをとりながら解決していくための解の一つが、スマートグリッドといってもいいでしょう。

特に、2012年7月から開始した再生可能エネルギー固定価格買取制度（FIT）により、再生可能エネルギー、特に太陽光発電が急速に普及しています。第1章でも触れましたが、FITに基づき国が認定した太陽光発電設備は、2014年9月末時点で、2030年の目標値の5300万キロワットを上回る7392万キロワットに達しています。運転を開始しているのは、まだ認定量の4分の1弱のためネットワークに重大な問題は起きていないものの、今後、次々と稼働していけば、安定供給に大きな問題を引き起こすことは容易に想像ができます。

こうした事態を受けて、2015年1月、FITの大幅な見直しが行われました。電力ネットワーク安定化に向けて出力抑制を実施する太陽光発電設備は当初500キロワット以上でしたが、今回の改正で家庭用を含め、すべてを対象とすることになりました。また、電力会社が太陽光発電設備を無補償で出力抑制を行うことができるのは年間30日まででしたが、これを360時間までと時間制にしました。それでも接続できる量を超える電力会社は、指定電気事業者として時間制限を超えて無補償で出力抑制できることになりました。

このように、再生可能エネルギーの普及に伴う問題がすでに生じ始めています。今回の制度変更でも、技術的には、家庭用などの小規模太陽光発電設備への遠隔制御用装置の追加や、電力会社の遠隔制御・通信システム構築が必要になってきます。こうした技術は、スマートグリッドの一つであり、将来的にはアンシラリーサービスの一つとなるでしょう。

現実的な課題となりつつあるスマートグリッドですが、第3章でも述べたように、実用化までには残り3割の課題を解決しなければなりません。

2014年度から実施する、風力発電の発電量予測の精度向上と、同時に取り組む需給運用・制御システム開発が進み、その効果が検証されれば、それに基づいてかなり確度の高い需給計画が立てられるようになります。さらに新島という実際の社会で、これらのスマートグリッド技術を組み合わせ、うまく動いていくかを検証する実証試験が行われます。これが終わればほぼ狭義のスマートグリッド研究開発は終了することになりますが、それがうまくいけば、全国大でのスマートグリッド導入となるでしょうか。

実際の電力ネットワークではさまざまな事象が起きています。それら事象に対応し安定供給を維持するためには、確認する必要がある技術的課題がまだ多数残っています。離島のような小さな地域では可能であっても、全国的に導入する際に必要になる技術の開発はこれからだといえるでしょう。また、制度設計にも実際には多くのステップが残されています。

最後に、今後の残された課題について、まとめてみたいと思います。

課題1　DR手法の確立などによる需給調整効果の把握

ネガワット取引やデマンドレスポンス（DR）などの需給調整機能が、制度的に、またビジネス的に機能するかどうかは、電力システム改革、そしてスマートグリッドの最大の課題かもしれません。需給逼迫時に市場メカニズムや電気料金を使った需給調整が機能するようにし、緊急時のための供給力の確保ができるようにしなければなりません。需給調整機能をめぐる取引市場については、現在、制度設計の議論が行われていますし、DR手法についても議論が行われています。

需給調整機能に付随して、スマートメーターの双方向通信がうまく機能することを確認したり、太陽光発電装置など需要家機器を系統貢献制御するためのスマートインターフェースの機能の範囲を確保したりする必要があります。蓄電池についても誰が設置するのか、コストは誰が負担するのかなども検討が必要です。電力システム改革によって、電気事業者が発電会社、送配電事業者、小売り事業者に分かれるため、誰がどう負担するのか、調整をしていかねばなりません。

これまでの実証試験においては、電力会社から家庭に届く系統貢献のためのDR情報の受け皿をスマートインターフェースと呼んでいますが、スマートインターフェースはスマートメーターである必要はなく、家庭用エネルギーマネジメントシステム（HEMS）の独自装置でもパソコンでもスマートテレビでもなんでもいいのです。スマートメーターは電力会社、電力システム改革後は送配電事業者が提供しますが、スマートインターフェースはさまざまな事業者が提供しますから、DRに必要な情報をどのような形で提供していくのかという、標準化が必要になるでしょう。

情報提供の方法も検証する必要があります。時々刻々電気料金が変わり、それを見て需要家が電気の使用を調整するといったリアルタイム料金に期待の声が聞かれます。しかし実際の系統運用を考えると、直近の需給状況で料金を変え、それによって需要が動いてしまうと、むしろ系統運用が難しくなります。海外の事例ではリアルタイム料金といっても、前日に24時間分の電気料金を示すのが通常です。

４地域実証のうち北九州市では、２時間前までに料金を示すというリアルタイム料金によるＤＲ実証も行われ、効果が現れたといいます。しかしこれを全国大で同じように実施した場合、需要の変動が大き過ぎて、系統が不安定になる可能性が高くなることもあるのではないかと危惧されます。

４地域実証におけるＤＲによるピークカット効果は20％前後の数字が出ていますが、消費を減らした場合のインセンティブが高すぎれば、インセンティブ狙いで普段は電力を多めに使用するなどといった無駄遣いを助長する可能性もあり、トータルでは省エネにはならないケースも考えられ、また設備投資の抑制にもつながらない可能性もあります。

さらに人は慣れてしまうものなので、ＤＲ効果がいつまで続くのかも疑問です。１９８９～１９９３年まで九州電力が行ったＤＳＭ（デマンドサイドマネジメント）実験、今でいうＤＲ

実験でも、「慣れ」はみられました。夏場の昼に需給逼迫となった場合、電力会社からの信号でエアコンを切るという制御実験を行ったのですが、配電線のピーク電力が4〜5%程度削減されるという効果は出たものの、暑さに耐えられない場合は制御を解除していいことになっていたので、我慢できずにエアコンのスイッチを入れてしまった家庭や事業所は全体の15〜35%もあったそうです。

ですから、どこまで電気料金による長期的なDR効果があるのかも見極める必要があります。

課題2　スマートメーターと新たなビジネスモデル

第4章でも述べましたが、日本のスマートメーターには検針値を送配電事業者へ伝送する通信回線Aルートのほか、家庭内の表示装置やHEMSなどに伝送するBルートが用意されます。Bルート付きのスマートメーターは、希望者のみに設置されるエリアもあれば、最初から付いているエリアもあるそうです。

Bルートを用意する場合、スマートメーターにかかるコストが増加しますが、それは送配電事業者が負担し、託送料金で回収することになっています。ですから最初からスマートメーター全部にＢルートがついているエリアでは、ＨＥＭＳなどを設置せず、データを利用しない家が多い場合はそのコストが無駄になります。データが取れるようにしてビジネスが誕生するのを待つ、という考え方もありますが、メーターは10年使い続けるものなので、ビジネスが成り立たなければ、高スペック化したコストは最終的に消費者である私たちが負担することになります。

先行してスマートメーターを導入したイタリアでは、電力会社の業務コストの削減にはつながったものの、新たなビジネスモデルは生まれていません。ただし、イタリアの場合、Ｂルートは用意されていません。

日本ではスマートメーターにＢルートを用意するので、何かしらのビジネスが生まれる可能性はあります。送配電事業者から小売り事業者や第三者の民間事業者にデータを送信するＣルートも用意することになっています。ただ、ＢルートやＣルートでどのようなビジネスが行いたいのかを、ある程度見極めておかなければ、費用が膨らんでいく要因にもなりかねません。費用負担問題が、スマートメーターの仕様に絡んでくるのです。

図7-1　スマートメーターにおけるサイバーセキュリティー

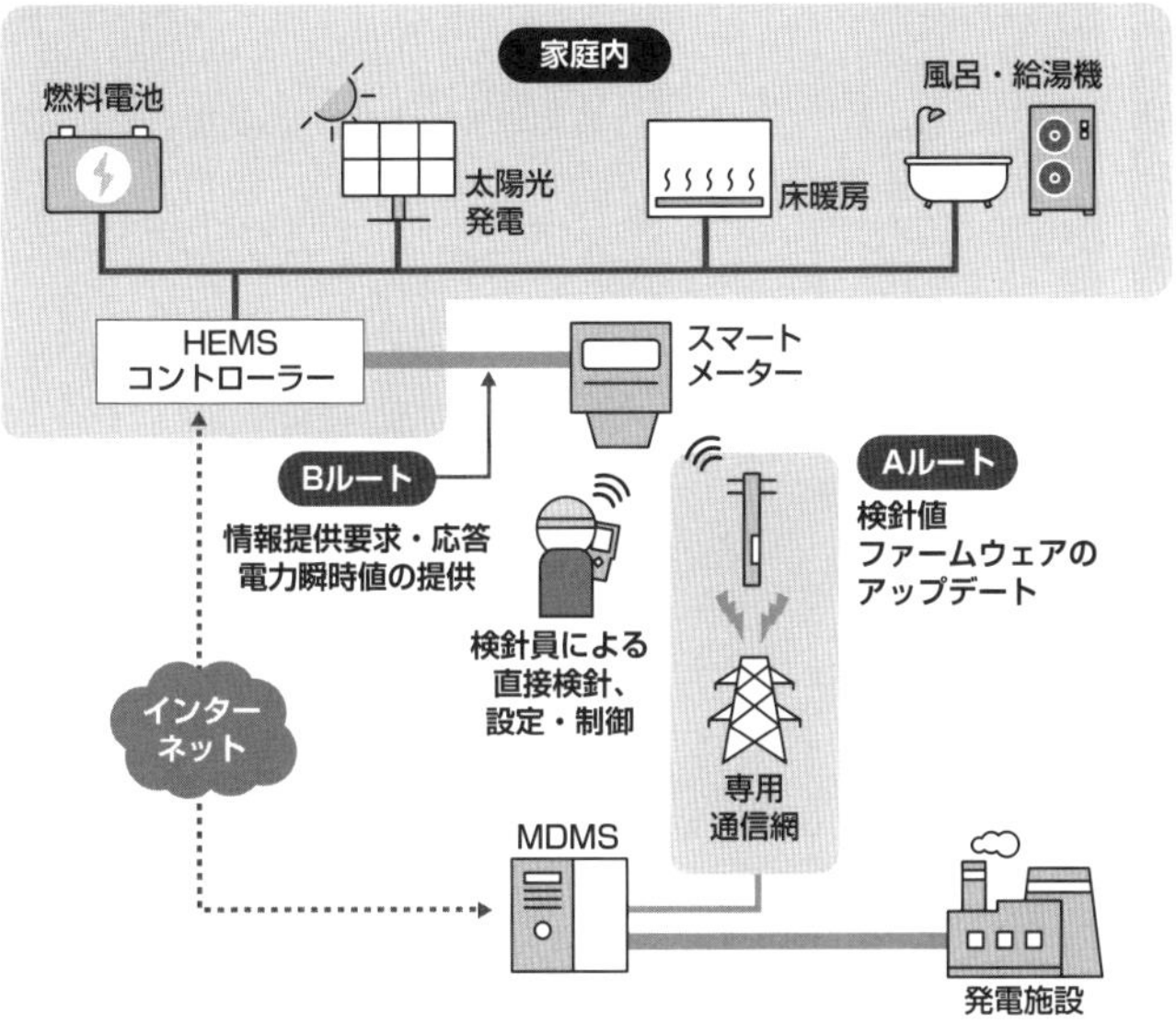

課題3　スマートメーターにおけるサイバーセキュリティーの確保

スマートメーターにはAルート、Bルートの通信回線のほか、なんらかの事情で遠隔検針できない場合に、検針員が利用するハンディターミナルとの通信部も用意されます。これら通信回線の脆弱性をついたウイルス侵入や誤動作などが懸念されています。

将来的には、ガスや水道などとの共同検針などが想定されますが、その場合、機能を追加するため、スマートメーターのファームウエアのアップデートが行われることになります。Aルートを用いた遠隔ファームウエア更新がどこまで確実にできるのか、またファームウエアの不具合や、その更新時のウイルス侵入にも注意しなければなりません。

米国では、直接検針用の通信回線を利用し、スマートメーターをハッキングして、電気料金を半分にするという請負ビジネスが摘発されたと、米連邦捜査局（ＦＢＩ）の白書に掲載されています。

電気の使用情報からは、その家の在・不在などの活動や、資産などを類推できます。遠隔で開閉制御できるため、通信回線の脆弱性をつけば、特定の家の電気を悪意で切断することも可能かもしれません。犯罪に使用される可能性も懸念されます。このようにスマートメーターのサイバーセキュリティーの確保は、普及が進むほど大きな課題となってくるでしょう。

課題４　系統安定化とＤＲ

ＤＲにおいて、将来的な課題となるのはファーストデマンドレスポンス（ＦＤＲ）です。これはほんの数秒から数分の間で反応する、高速の需要家応答です。６ＤＲ実証の中には数分でのＦＤＲが含まれています。

現在の日本では秒オーダーのＦＤＲの必要性はありません。しかし今後、再生可能エネルギーが電力ネットワークに大量に導入されると、一方で、火力発電が減少するため調整力が不足します。太陽光発電は発電量が数十秒から数分で急速に変化することもあり、その変化を火力発電だけでは吸収できなくなることは十分予測されます。火力発電は小刻みな変化も、大きな流れの変動も、どちらも調整しています。火力比率が低くなれば、小さな変化も調整しづらくなります。これを需要側で吸収しようというのがＦＤＲの考え方です。

ＦＤＲの例をあげると、大容量の発電機が脱落した場合、系統不安定化の防止のために、ほんの一瞬冷蔵庫を止めたり、蓄電池を数秒動かしたり、ヒートポンプを数分単位で止めたり動かしたりする――というようなことが考えられます。イギリスの送電事業者（ＴＳＯ）であるナショナルグリッドの研究所などではこうした研究も行われているようです。

ＦＤＲについてはまだ研究段階ですが、今後はこうした高速制御方法も取り入れる必要があります。しかし、高速制御には現在のスマートメーターやＨＥＭＳは使えません。どのような形で実現していくのかは、今後の電力需給やＤＲのビジネス展開の方向によって、変わってくることでしょう。

課題5　蓄電池の導入コストをどう考えるか

余剰電力対策や、周波数の安定化、緊急時の電力不足対策として、期待される蓄電池ですが、現在の再生可能エネルギー固定価格買取制度（ＦＩＴ）の場合、買取価格が高く、また蓄電池も高コストのため、太陽光発電を設置した家庭や再生可能エネルギー事業者が蓄電設備を導入するインセンティブは働きません。現段階で可能性があるとすれば、裕福な家庭や防災意識がきわめて高い家庭や事業者が蓄電池も導入するというくらいでしょう。

しかも蓄電池による蓄電の効率は悪く、家庭用などの小容量蓄電池に比べ経済性が優れている系統用の大容量蓄電池ですら、揚水発電より経済的に高くつきます。このように現段階では経済性を追求すると蓄電池を導入する意味がないのです。この蓄電池だけで太陽光発電や風力発電の増大に対応するのではなく、太陽光発電、電気自動車、ヒートポンプ給湯機などの需要家設備の制御、いわゆる需要家に対するスマートグリッド技術も合わせることによって、できるだけ社会コストの増大を抑えるのがスマートグリッドの目的です。したがって、蓄電池については、大容量で長寿命、低コスト、安全性の高さを備えた新電池の開発が求められています。これは、充電すべき太陽光発電などの余剰電力の量から見ると、必要な蓄電池が相当な量になるので、産業創出という意味からも重要になるでしょう。

ただその一方で、例えば余剰電力を使用して水を電気分解し、水素として貯蔵するなどの方法も検討し、どの方法が最適かを探っていくことも必要です。

課題6　再生可能エネルギーの急激な変動に対する調整力の確保策

太陽光が大量に導入された場合、その発電量の変化は数十秒から数分の単位です。この短周期の出力変動を発電側で調整する能力をどう確保するのかも大きな課題です。

前述の通り、既存の発電所には発電機で自動調整する機能もありますが、それは並列火力発電機容量の3～5％程度です。それを超えた場合は、発電所の運用で調整する必要があります。一番早く出力を変動できる発電方式は揚水です。数十秒～数百秒程度で負荷遮断や発電出力制御などを行えます。ただ、それにも容量的に限界はあります。揚水での調整能力を超えた場合、火力で出力を大きく変動させることになりますが、火力の場合、少なくとも数分単位が必要ですから、短周期の変動には追従できません。

太陽光や風力の導入量が増加すれば、こうした短周期の変動が大きくなっていくことが考えられます。これにどう対応するのかは今後の課題となっています。

現在、電力ネットワーク側に蓄電池を設置する試みが北海道や東北などで行われていますが、蓄電池を導入した場合、蓄電池をどう制御するのかという課題があります。蓄電池容量を、短周期の周波数変動の調整用と、長周期の下げ代対策にどのように振り分けて使うかなどです。必要調整量が蓄電池容量を超えた場合、需要側の制御をするという考え方もありますが、需要を高速でコントロールすることは、すぐにできるのでしょうか。課題4で述べたように自動車の蓄電池から電力ネットワーク側に充放電したり、ヒートポンプ給湯機の消費電力制御をしたりすることが考えられますが、これらを高速でうまく制御できるでしょうか。必ずタイムラグは生じますし、それがどう電力ネットワークの制御に影響するかはやってみないとわかりません。

こうした調整力不足は近い将来、必ずやってくると考えられますが、最も重要なのは、電力ネットワークにおけるこのような調整力不足がいつ起きるかを分析することです。

再生可能エネルギーの当初の導入計画では、原子力発電がベース電源として全電源の3割程度を供給しており、その結果、太陽光・風力合計で1000万キロワットを超えると調整力が足りなくなるといわれていました。東日本大震災を経て、火力発電比率が高い現在はまだ、それよりもずっと余裕はありますが、原子力発電所の再稼働が進めば、同じ問題は出てきます。既に再生可能エネルギーの普及が爆発的に進んだ北海道や東北、四国、九州、沖縄などでは調整力が足りなくなっています。

さらにいえば、再生可能エネルギーのために送電線をどう増強するのかという問題も残っています。

北海道では風力発電の適地が多く、中でも北西の日本海側は風況が良いため立地候補点が集中しています。しかし人口は少なく電力需要も少ないため、電力会社の送電線は容量の小さい細い線しかありません。つまり、どれだけ風力発電で発電しても需要地まで運ぶ道がないのです。このため国主導のＳＰＣ（特定目的会社）を作り、この風力密集地域に容量の大きい送電線を整備しようという計画があります。

ただ、北海道北西部だけ送電線容量を増やしても、調整力のある需要地まで運ばなければ意味がありません。北海道では既に太陽光発電の導入拡大で調整能力が足りなくなっていますから、本州まで運んでその電力を消費する必要があります。しかし北海道から本州までの送電線容量も限られています。

北海道内と本州との間で電力供給を行うための北本連系線は現在60万キロワットです。別ルートでもう30万キロワット強化する事業が動いていますが、東北地方も風力発電の適地は多いため、最終的には関東で調整することになります。そうなると、東北から関東へ送る送電線も増強する必要があります。

課題7　再生可能エネルギー導入拡大のための広域的運用

再生可能エネルギーが大量導入され、発電量が増大し、変動する潮流がエリアを越えて流れた場合の影響は、まだこれから検証が必要です。東京電力と、東北電力、北海道電力との間で行われる実証は、東京の発電量を下げ、連系線を利用し東京向けに電気を流すことで、東北や北海道の需要を見かけ上大きくし、調整電源である火力発電を焚き増しできるようにして、再生可能エネルギーの変動電源と調整電源の双方の容量を増やそうという試みです。しかし、将来の広域的運用で、再生可能エネルギーの変動電力がそのまま流れるケースも考えられるので、それをどこまで伝搬させるのか、電力ネットワークにどのような影響を及ぼすのかは、シミュレーション解析や実証試験を通して確認していかなければなりません。

課題8　広域系統の安定化の複雑化

現在、電力会社の火力発電所の発電機には、電力ネットワーク全体の安定化のため、系統安定化装置（ＰＳＳ）という設備が多数設置されています。ＰＳＳは発電機出力や回転速度を計測し発電機に安定化信号を送る制御装置で、その制御パラメーターは系統全体を安定化できるよう、できるだけ最適に設定されています。この設定がうまくいかないと、系統に事故がなくても不安定になって停電してしまう可能性があります。

この調整のためには、発電機の詳細な電気的特性の情報が必要になります。電力自由化が進み、さまざまな発電事業者が参加してきた場合、必ずしもその情報を提供してもらえるかはわかりません。また、大事故時に、大停電を防止するため発電機の運転を適切に停止させる制御システムが電力会社の複数の発電機に設置されていますが、今後はさまざまな発電事業者にその設置を要請する必要が出てきます。

ＰＳＳ設置にはコストもかかり、大停電防止システムを導入すれば思わぬ時に発電を停止させる可能性もあるとなれば、発電事業収入に直結します。発電事業者にどう協力してもらうかは、電力広域的運営推進機関などで議論されることになるでしょう。また、平常時でも系統安定に悪影響を与える発電機に出力抑制を要請することも出てくるでしょう。このように、電力自由化が進展すると、広域系統の安定化のために、発電事業者との関係が複雑になりますので、その手続きなどのルールを詳細に決めておくことが必要になります。

課題9　火力部分負荷運転の高効率化

再生可能エネルギー比率が増加すると、火力発電所が低負荷で運転を続けざるをえなくなります。火力も定格出力での運転が高効率だということは述べましたが、実際に欧州で低負荷運転が続き、火力発電事業の採算が合わなくなり、火力発電設備の停止や廃止に追い込まれる事態も発生しています。欧州のように隣接国から電気を輸入できるならばともかく、島国の日本の場合は、自国の火力は必要です。火力が廃止となれば、調整力が不足し、蓄電池の導入が必要になってきます。これでは、さらなるコストアップに陥ります。

欧州では今、火力部分負荷運転（低負荷運転と同意）の効率化へ投資を行っています。火力の「柔軟性」が技術開発のキーワードになっています。日本でも今後、同様の問題が発生してくることを見通し、新たな研究開発投資が必要になるでしょう。

課題10　大規模災害への対応と地域間連系線強化

大規模災害に備えるという意味でも、電力会社のエリア間を結ぶ地域間連系線の強化が必要と言われています。

東日本大震災では約890万キロワットが停電することになりました。現在の地域間連系線強化の議論では、大災害で系統容量の1割の電源が落ちるが需要は落ちないと想定し、最長でも1カ月で停電から復旧させるためにどうするかがテーマとなっています。1カ月という期間は長いようですが、産業界にとっては停電復旧の見通しが立つことが重要です。停電を起こさないことが重要であることは当然ですが、ひとたび停電が発生した場合は、停電がいつまで続くのかが焦点となります。連系線容量を考える際にも、どこまでの停電であれば許容できるかが基準になります。

現在議論されている復旧シナリオを具体的に説明すると、大規模震災後2週間くらいで自家発が電力供給に協力してくれるようになり、徐々に電力会社の火力発電が戻ってきて1カ月くらいで停電復旧させると仮定した場合に、その時の需給ギャップはどれくらいで、その分を地域間連系線で送電できるようにすべきということになります。

これを実現するには、現在の東西（50ヘルツ／60ヘルツ）の連系線容量の合計120万キロワットに加え、90万キロワットが必要になります。政策的には、さらに90万キロワットを足したほうがいいのではないかという意見もあります。災害による電源の脱落量は、系統容量の1割では少ないという議論もあり、2割、3割と増やして検討することももちろん可能です。その場合は、必要な連系線容量や発電の待機予備力、それに伴うコストが増えることは当然です。経済合理的な検討も必要になるでしょう。

こうした電力会社のエリア間を結ぶ地域間連系線の強化の議論についてはこれまで、経済産業省の総合資源エネルギー調査会の下にある地域間連系線等の強化に関するマスタープラン研究会で行ってきました。電力システム改革が進む中で、2015年度以降は、電力広域的運営推進機関に議論の場が移ることになっています。

課題11　国際標準化への取り組み

第3章では通信インターフェース標準化への取り組みを紹介しました。これまで見てきたように、スマートグリッドが実現された電力ネットワークでは、上流側の基幹送電ネットワーク、大規模発電所、系統用蓄電池、メガソーラー、大規模ウインドファーム、中央給電指令所、下流側の配電ネットワーク、電圧・潮流制御装置、家庭用太陽光発電装置、電気自動車、ヒートポンプ給湯機、エアコンなどの需要家機器が、情報通信ネットワークで有機的につながっています。さまざまなメーカーの機器がつながることになるので機器間の通信方法や制御方法について、国際標準化が必要になります。例えば系統側に大規模再生可能エネルギーを大量に導入し安定して利用するという目的のためには、メガソーラーや大規模ウインドファームのパワーコンディショナー（PCS）と系統用蓄電池、中央給電指令所のエネルギーマネジメントシステム（EMS）、PMUを用いた送電系統広域監視システム、地域のエネルギーマネジメントシステム（CEMS）などの個々のスマートグリッド要素技術が相互に接続され、お互いにどのようなデータをやり取りして、何を行うかを具体的に示す必要があります。これはユースケースと呼ばれていますが、現在では、このようなスマートグリッドのユースケースをたくさん集めて、これを基にスマートグリッドをシステムとして標準化すること、つまり、これまでの蓄電池や電気自動車の「個」の標準化からスマートグリッド全体をみた標準化をしていくことが重要になっています。スマートグリッドはシステムから構成されるシステム(System of Systems)

なのです。

国際電気標準会議（ＩＥＣ）では、このユースケースや相互接続性に関する標準化をするためのシステムズコミッティー「スマートエネルギー」という新たな活動組織を作り、熱やガスも含めたスマートグリッドやスマートエネルギーシステムの標準化に取り組もうとしています。我が国においても、これに対応して、経産省に「スマートグリッド戦略専門委員会」を立ち上げ、欧米に遅れないように、スマートグリッドに機器がつながった場合に求められる「システム」としての標準化戦略を立てて実行していく予定です。

既に、ＩＥＣにおいて、日本は「電力エネルギー貯蔵システム」という技術専門委員会（ＴＣ）を提案し、２０１２年10月に設立が承認され、幹事国として活動しています。しかしながら、システムとしての標準化ではまだまだ世界に遅れをとっています。

スマートグリッドは、ビジネスをする前に、利害関係者のコンセンサスを得て標準化が決まってしまう「デジュール標準」の世界と言われています。我が国のスマートグリッドビジネスを成功させるためにも、この戦略の素早い具体化に、体制作りを含めて産業界の一層の努力が求められています。

課題12　電力システム改革後に最適化をどう図るか

これまで見てきたように、再生可能エネルギーの導入拡大に伴い、系統運用の安定化のために、各発電所の制御の高度化だけでなく、火力発電の部分負荷運転の高効率化、蓄電池や揚水発電の活用、スマートメーターを含めたＤＲの活用、需用家機器制御、連系線など電力ネットワークの増強などを行う必要があります。

従来は需要を予測し、経済最適化を図りつつ各発電所を運転・運用し、発電所と電力ネットワークの設備形成をしてきました。しかし今後は、供給側にも変動要因があり、需要側も制御でき、さらに電力ネットワークの設備形成にも蓄電池など多くのオプションがあるという複雑な状況の中で、すべてを網羅して最適な運転計画や設備計画をつくり、運用をしなければなりません。

日々の運用では、燃料費の最小化だけでなく、変動電源の発電量の見込み、ＤＲの見込みを考えなければなりませんし、設備計画面でも、高コストとなる蓄電池は最小にできるように考えなければなりません。２０１４年度から実施される離島での実験は、複雑化する電力ネットワークの全体最適の手法を開発するために行うものです。

そしてこの全体最適への取り組みは、時が進むにつれて一層困難になりそうです。２０１６年からは小売り全面自由化が、２０１８年以降には発送電分離が行われます。電力システム改革の進展により、従来に比べて市場原理が強くなるため、競争によってコストが抑えられるという期待があります。しかし一方で、それぞれの発電事業者、小売り事業者が利益の最大化を追求するので、事業者ごとに最適化は可能でも、電力ネットワーク全体で見ると最適化できない可能性があります。事業者は「コスト最小化」から「利益最大化」へと移行するため、どのように調整して最適化するかは難しい課題になるでしょう。

また、このような複雑化する電力ネットワークの中で、スマート化によって全体最適化を図っていくには、この電力システムの電気的特性、経済性、制度、スマートグリッドの要素技術などをよく理解した技術者、研究者が必要です。そのための教育、研究体制を産学一体となって構築していくことも今後の課題となるでしょう。

❖スマートグリッドが実現するもの

最後に考えたいのは、私たちの生活がスマートグリッドでどう変わるのか、という点です。スマートグリッドとは、電気事業の変革や再生可能エネルギーの大量導入が、私たちの生活に変化をもたらすのではなく、むしろ、変化しないように、または生活が煩わしくならないようにするための技術なのだと私は考えています。

電気事業は現在、電源構成の変化、事業体制の変更など、大きな変革の流れの中にあります。この変革は基本的に電気料金が上昇する原因となるものが多いといわざるをえません。

再生可能エネルギーの導入拡大は、地球環境問題やエネルギーセキュリティーに貢献します。しかし一方で、電力会社が高値で買い取った再生可能エネルギーの費用は電気料金に賦課金として上乗せされます。系統安定化のための対策として需要側も含めて統合制御しようとすれば、送電網、配電網の強化、スマートメーターの導入、情報処理技術、通信技術の導入が必要で、すべて投資が必要になります。これらは最終的には電気料金に転嫁されます。原子力発電比率が下がるとすれば、火力用の燃料費は以前よりも増大することになります。

こうした背景を踏まえ、自宅に太陽光発電や蓄電池を置き、DRに参加し、なるべくお得にエネルギーを使うようにすれば、電気料金の支払い額上昇は抑えられるかもしれません。しかし、太陽光発電や蓄電池を設置するにはコストがかかります。

DRは需要家の利便性を損なわないように需要を制御し、それに対価を払うのが究極の目的です。しかし利便性を損なってまで系統に貢献させることは、社会から受け入れられないでしょう。ですから、DR条件付きの電気料金メニューを選択すると、スマートインターフェースが自動的にエアコンや蓄電池、太陽光発電設備などを制御して、その分、小売り事業者と提携しているクレジットカード会社のポイントが貯まっていき、電気料金の上昇分を相殺するといったような形のサービスが登場してくると予想されます。

さらに踏み込んで考えると、電気料金が上昇する中で、DRを使って電気料金が抑制できるとなれば、生活の苦しい人たちがリアルタイム料金や緊急時のクリティカルピークプライシング（CPP）などを選択する可能性も高くなります。このため、制度面からの弱者保護も考えていかねばなりません。

私たち日本人は安定な電気を享受し、経済発展を遂げてきました。高品質で安定した電気は、日本が得意とする精密で繊細な製品作りに欠かせません。しかし、再生可能エネルギー導入量拡大と東日本大震災後の電力システム改革により、今後の電力ネットワークの運用は従来より複雑になり、不確実性が増え、十分な対策をしないと不安定になりやすくなります。こうした変化はコスト上昇要因でもあります。

電気事業の大きな変化の中でも安定的な電気を享受し続けるためには、スマートグリッド技術を実用化するとともに、私たち需要家側も系統安定化に貢献することが不可欠になるでしょう。一人でも多くの人が、自分の設備をもって電力ネットワークの安定化に参加して貢献する。そして、社会コストの増加を抑制して電気料金の上昇をできるだけ抑える。これが理想のスマートグリッドといえるでしょう。

おわりに

日本で風力発電の導入が盛んになってきたのは2000年ごろからです。風車からの発電出力は風任せで大きく変動します。受け入れ側の電力会社では、電力系統への影響の度合いも対策も不明だったため、風力発電からの電気の受け入れ量について控えめな対応をしていました。

筆者の研究グループは2003年ごろ、当時開発された大型の蓄電池を使い、風力発電からの電気を充放電して、電力系統への影響を少なくしようという研究を電力会社と共同で開始しました。今になってみると、これがスマートグリッド研究の始まりでした。

当時、欧米では風力発電をどんどん導入していました。系統への影響など眼中になく、当然、スマートグリッドという言葉もありません。国際会議に論文を投稿しても見向きもされず、「電力系統に蓄電池を入れて、風力発電の影響を抑制するなんてナンセンス」と馬鹿にされていました。

それが、今はなんという変わりようでしょう。欧米でも、本書に記したように、電力ネットワークにさまざまな深刻な問題が発生しており、その対策のために、蓄電池を設置して風力発電の出力の安定化をしたり、風力発電出力そのものの抑制をしたり、デマンドレスポンスを使って需要を制御しようとしています。

欧米でスマートグリッドが語られ始めた2005年、私たちはさらに研究を進化させ、住宅用の高効率ヒートポンプ給湯機（エコキュート）を中心に需要家側の多数のコントロール可能な機器を活用しながら、大型蓄電池や、既に電力系統にある大容量発電所と協調して、風力発電をできるだけたくさん電力系統に受け入れられるようにしようという電力会社との共同研究を始めました。2009年頃からは、国家プロジェクトによるスマートグリッドの実証試験が始まりました。また、たくさんの地域で実証試験が行われました。我が国は、海外でも共同で地域実証試験を行っています。

その中で、2011年3月11日の東日本大震災を契機として、電力自由化に向けた制度改革が行われ、電力ネットワークの構成、運用が複雑化することで、供給力確保などをはじめ、将来の電気の安定供給に不安要素が出てきました。電力システム改革と並行して、2012年7月には再生可能エネルギーの固定価格買取制度(FIT)がスタート。2年後の2014年6月末には、もう7000万キロワットもの太陽光発電が設備認定され、このまますべての設備が設置されると毎年3兆円弱の賦課金を電気料金に加えて支払わなくてはならなくなる状況になっています。経済的な問題だけでなく、この設備認定量がそのまま設置されると電力ネットワークに電気的な大問題を引き起こすことは明らかで、その対策を緊急に実施しなければならない状況になっています。まさに、スマートグリッド技術の実用化が急務となっているのです。

本書は、スマートグリッドを本来の電気エネルギー供給システムの観点からまとめてはどうかという関係各所からの声に押され執筆した前著に、東日本大震災後の電力ネットワークを取り巻く環境の大きな変化を取り込んだものです。前著と同様にできるだけ、スマートグリッドとは何かを知りたいという一般の方々に理解していただけるように平易に書いたつもりです。スマートグリッドを基盤にスマートシティー、スマートコミュニティーなど新たなビジネスチャンスを模索しているさまざまな分野の方々にも、理解の一助となれば幸いです。

最後になりましたが、編集を担当していただきました電気新聞メディア事業局の神藤教子氏、最所大輔氏には大変お世話になりました。この場をお借りして深謝いたします。

２０１５年2月　東京・本郷　東京大学キャンパスにて

横山　明彦

横山明彦（よこやま・あきひこ）
東京大学大学院新領域創成科学研究科教授（工学博士）。
大阪府生まれ。1984年東京大学大学院工学系研究科電気工学専門課程博士課程修了後、同大学の助手、講師、助教授を経て、2000年より現職。
主に電力システム工学（電力システムの解析・計画・運用・制御）の研究に従事し、総合資源エネルギー調査会など国の審議会や研究会の委員などを歴任。電力システム改革制度設計ワーキンググループの座長を務めている。

新《しん》スマートグリッド
電力自由化時代《でんりょくじゆうかじだい》のネットワークビジョン

2015年2月23日　初版第1刷発行

著　者……横山明彦《よこやまあきひこ》
発行者……梅村英夫
発行所……一般社団法人日本電気協会新聞部
〒100-0006　東京都千代田区有楽町1-7-1
［電話］03-3211-1555［FAX］03-3212-6155
［振替］00180-3-632
http://www.shimbun.denki.or.jp/
印刷・製本……株式会社加藤文明社印刷所

ブックデザイン……志岐デザイン事務所（山本嗣也＋角 一葉＋萩原 睦）

ISBN 978-4-905217-44-2 C2050